河北省创新能力提升计划科学普及专项项目
项目编号：21556202K

从地球到宇宙

马文娟　张翠华　赵学思　主　编

中国建材工业出版社

图书在版编目（CIP）数据

从地球到宇宙/马文娟，张翠华，赵学思主编. --北京：中国建材工业出版社，2023.9
ISBN 978-7-5160-3772-0

Ⅰ.①从… Ⅱ.①马… ②张… ③赵… Ⅲ.①地球—青少年读物②宇宙—青少年读物 Ⅳ.① P183-49 ② P159-49

中国国家版本馆 CIP 数据核字（2023）第 119474 号

内 容 简 介

自古以来，茫茫宇宙就让人们充满好奇和遐想，本书以通俗易懂的方式，对人们感兴趣的宇宙相关话题进行介绍和阐述。全书共六章，内容包括人类的家园——地球、地球的忠实伴侣——月球、漫游太阳系、绚丽多彩的恒星世界、穿越银河系、探寻宇宙空间。

本书通过讲述宇宙中绚丽多彩的天体及有趣现象、人类对宇宙探索的最新成果，向广大青少年读者展示了天文学的无限魅力，让读者在拓宽视野的同时，拉近了读者与天文学之间的距离，特别是让青少年近距离感受太空的魅力，进而激发他们对天文科学的浓厚兴趣。

本书适合青少年和普通天文爱好者阅读，也可作为中小学课外读物。

从地球到宇宙
CONG DIQIU DAO YUZHOU
马文娟 张翠华 赵学思 主 编

出版发行：中国建材工业出版社
地　　址：北京市海淀区三里河路 11 号
邮政编码：100831
经　　销：全国各地新华书店
印　　刷：北京印刷集团有限责任公司
开　　本：787mm×1092mm　1/16
印　　张：13
字　　数：260 千字
版　　次：2023 年 9 月第 1 版
印　　次：2023 年 9 月第 1 次
定　　价：98.00 元

本社网址：www.jccbs.com，微信公众号：zgjcgycbs
请选用正版图书，采购、销售盗版图书属违法行为
版权专有，盗版必究。本社法律顾问：北京天驰君泰律师事务所，张杰律师
举报信箱：zhangjie@tiantailaw.com　举报电话：(010) 57811389
本书如有印装质量问题，由我社市场营销部负责调换，联系电话：(010) 57811387

古往今来，人类生活在地球上，仰望天空似锦繁星，让人充满遐想。为什么晚上走路觉得月亮在跟着自己走？天上数不清的星星为什么无法照亮夜空？太阳会死亡吗？牛郎和织女真能在天上相会吗？宇宙有多大？宇宙已经存在了多久，还会存在多久？宇宙是如何起源的，又会走向怎样的结局？宇宙的形成是一次性事件还是能重复和自我更新——以延生、死亡、重生的形式进行大循环？物质、原子和我们的星系是在什么时候、如何形成的？人类在宇宙中是唯一的智慧生命吗？有没有外星人存在？以上这些问题使人们带着好奇心和求知欲，跟随想象，超越生存的地球、掠过神秘的银河、触及遥远的太空，让一代代专家学者跨越当前时间、孜孜以求，寻找远古时期宇宙谜团和智慧生命起源的答案。神秘的宇宙也让无数文人墨客为之着迷，写下流传千古的诗词歌赋。对于天生充满好奇的孩子而言，它更是充满了无尽的想象和期待。

本书按照人类对宇宙的认识过程，从地球出发，首先介绍地球的结构、地球的运动、一年有四季的原因、美丽的极光、地球的起源之谜等知识；然后造访月球和太阳系，带领读者了解月相和月食、潮汐力引发的有趣现象、人类探测月球的历程以及太阳系唯一的恒星——太阳、太阳系的八大行星、行星际物质，探求月球的起源之谜及太阳系的形成假说；之后开启"穿越银河系"之旅，向宇宙更深处进发，认识银河系全景和成员，领略绚丽多彩的恒星世界；最后介绍宇宙星系大家族，探求宇宙神秘的暗物质、暗能量和引人注目的引力波，思索宇宙有没有尽头、宇宙是否永恒、地外生命是否存在等未解之谜。

本书内容注重科学性、知识性和前沿性，兼具趣味性和可读性，在帮助青少年拓宽视野的同时，点燃他们对天文科学的探究热情，激励充满好奇心和求知欲的孩子们把目光投向灿烂星空。

本书由马文娟、张翠华、赵学思主编，张凤华、马坤参与资料整理工作。本书在河北省科学技术厅科学普及专项项目（项目编号：21556202K）支持下完成。编写过程中，编者参考了大量书籍、相关研究论文、网络资源及新闻报道，借鉴了相关研究成果。同时本书得到了中国科学院国家天文台施建荣研究员、中国科学院国家天文台云南天文台张奉辉研究员、河北师范大学李冀教授的无私指导和帮助，沧州职业技术学院贾鹏老师在图书配图绘制方面做了大量工作，在此一并表示感谢！

由于编者水平有限，书中内容难免存在不足之处，恳请专家、读者批评指正！

编 者

2023 年 5 月

1 人类的家园——地球

1.1　地球画像 …………………………………………………………… 004

1.2　地球的运动——昼夜和季节 ……………………………………… 010

1.3　活动的地球 ………………………………………………………… 013

1.4　蓝色——地球的本命色 …………………………………………… 016

1.5　美丽的极光——地球的桂冠 ……………………………………… 019

1.6　地球起源之谜 ……………………………………………………… 020

2 地球的忠实伴侣——月球

2.1　诗词中的"月亮" ………………………………………………… 025

2.2　月亮的故事 ………………………………………………………… 028

2.3　真实的月亮 ………………………………………………………… 032

2.4　月食和日食 ………………………………………………………… 035

2.5　潮汐力引发的有趣现象 …………………………………………… 037

2.6　月球探索 ⋯⋯⋯⋯⋯⋯⋯⋯⋯⋯⋯⋯⋯⋯⋯⋯⋯⋯⋯⋯⋯⋯⋯⋯ 040

2.7　月球的起源之谜 ⋯⋯⋯⋯⋯⋯⋯⋯⋯⋯⋯⋯⋯⋯⋯⋯⋯⋯⋯ 043

3　漫游太阳系

3.1　太阳系唯一的恒星——太阳 ⋯⋯⋯⋯⋯⋯⋯⋯⋯⋯⋯⋯⋯ 050

3.2　太阳系的行星成员 ⋯⋯⋯⋯⋯⋯⋯⋯⋯⋯⋯⋯⋯⋯⋯⋯⋯ 062

3.3　卫星 ⋯⋯⋯⋯⋯⋯⋯⋯⋯⋯⋯⋯⋯⋯⋯⋯⋯⋯⋯⋯⋯⋯⋯ 094

3.4　行星际物质——太阳系的碎片 ⋯⋯⋯⋯⋯⋯⋯⋯⋯⋯⋯⋯ 095

3.5　危险的太空垃圾 ⋯⋯⋯⋯⋯⋯⋯⋯⋯⋯⋯⋯⋯⋯⋯⋯⋯⋯ 106

3.6　太阳系的边界 ⋯⋯⋯⋯⋯⋯⋯⋯⋯⋯⋯⋯⋯⋯⋯⋯⋯⋯⋯ 108

3.7　太阳系的形成假说 ⋯⋯⋯⋯⋯⋯⋯⋯⋯⋯⋯⋯⋯⋯⋯⋯⋯ 110

4　绚丽多彩的恒星世界

4.1　如何描述恒星 ⋯⋯⋯⋯⋯⋯⋯⋯⋯⋯⋯⋯⋯⋯⋯⋯⋯⋯⋯ 115

4.2　恒星的自行 ⋯⋯⋯⋯⋯⋯⋯⋯⋯⋯⋯⋯⋯⋯⋯⋯⋯⋯⋯⋯ 119

4.3　恒星的空间分布 ⋯⋯⋯⋯⋯⋯⋯⋯⋯⋯⋯⋯⋯⋯⋯⋯⋯⋯ 121

4.4　恒星戏剧性的一生 ⋯⋯⋯⋯⋯⋯⋯⋯⋯⋯⋯⋯⋯⋯⋯⋯⋯ 123

4.5　为什么说我们都是尘埃 ⋯⋯⋯⋯⋯⋯⋯⋯⋯⋯⋯⋯⋯⋯⋯ 135

5　穿越银河系

5.1　文学作品中的银河 ⋯⋯⋯⋯⋯⋯⋯⋯⋯⋯⋯⋯⋯⋯⋯⋯⋯ 139

5.2　银河系的尺寸和形状 ⋯⋯⋯⋯⋯⋯⋯⋯⋯⋯⋯⋯⋯⋯⋯⋯ 141

5.3　我们的位置 ⋯⋯⋯⋯⋯⋯⋯⋯⋯⋯⋯⋯⋯⋯⋯⋯⋯⋯⋯⋯ 145

5.4　银河系全景 ⋯⋯⋯⋯⋯⋯⋯⋯⋯⋯⋯⋯⋯⋯⋯⋯⋯⋯⋯⋯ 146

5.5　银河系的形成 …………………………………………………… 153

6　探寻宇宙空间

6.1　宇宙星系大家族 ………………………………………………… 157

6.2　宇宙的层次结构 ………………………………………………… 163

6.3　神秘的暗物质和暗能量 ………………………………………… 169

6.4　引人注目的引力波 ……………………………………………… 176

6.5　宇宙是永恒的吗 ………………………………………………… 177

6.6　地外生命存在吗——我们是不是孤独的 ……………………… 186

参考文献 ……………………………………………………………… 195

后　记 ………………………………………………………………… 199

1　人类的家园——地球

在浩瀚的宇宙中，最美丽可爱的星球就是地球了。有人说，她是银河系里一颗璀璨的"蓝宝石"，是太阳系中的"生命之舟""人类摇篮"，她养育了"万物之灵"的人类。

人类在自己的行星家园——地球上发展出智慧、文化以及用于探索和发展的技术。我们自己和岩石、树木、空气一样，都是地球的组成部分。而中国著名文学家、学者郭沫若先生的一首《地球，我的母亲！》，更是以浪漫和激情抒发了对地球母亲的崇拜、感恩：

地球，我的母亲！
天已黎明了，
你把你怀中的儿来摇醒，
我现在正在你背上匍行。
……
地球，我的母亲！
我过去，现在，未来，
食的是你，衣的是你，住的是你，
我要怎么样才能够报答你的深恩？
……
地球，我的母亲！
我想宇宙中的一切的现象，
都是你的化身：
雷霆是你呼吸的声威，
雪雨是你血液的飞腾。
……

1.1 地球画像

要了解宇宙的壮美，一定要从我们生存的星球——地球开始。地球就像一个平台，我们对它了解得越多，就越能比较我们的家园与其他的行星和卫星。因为，从宇宙的视角看，地球是一个普通又特殊的行星，它对于我们观测和理解更大、更深远的宇宙及其中的绚丽天体都非常重要。

1.1.1 从太空"看"地球

当你外出旅行时，登上高山之巅、走在蓝色海边、穿过绿色森林、漫步美丽公园，可能都会用手机、照相机或摄像机留下美好的地球景色。从 19 世纪照相技术发明以来，人们就开始给地球拍照了。

人们并不满足于在地面拍照，有人还把照相机绑在鸽子胸前、风筝或气球上，在空中给地球拍照。据记载，1839 年，法国人达格雷就发表了世界上第一张空中拍摄的照片。进入航天时代后，人类更是开始了在地球大气层以外的太空，在卫星、空间站、航天飞机上为地球拍照。

"蓝色宝石"——太空中的地球

"日出"或"月出"，对生活在地球上的我们来说显然不算什么，但如果要看"地出"就没那么简单了。你知道吗？人类史上第一张"地出"照片，距今已超过 50 年。1968 年 12 月 24 日，美国的"阿波罗 8 号"的宇航员拍摄的"地出"照片（图 1.1）是有史以来从外太空拍摄地球的第一张彩色照片，显示出一颗蓝色星球从灰色的月球的表面缓缓升起。当时，"阿波罗 8 号"正沿着一条近圆轨道围绕月球运行到月球表面上空大约 68 英里（109.44 千米）的地方，宇航员旋转飞船方向时，地球突然出现在月球上空，犹如月亮在地球升起一样，蓝色宝石般的地球也从月球表面的一端升起。

1 人类的家园——地球

图 1.1 地球从月球表面的一端"升起"（图源：摄图网）

如果能随探测器深入太空，就会看到地球呈现出完全不同的模样：它像一个美丽的"蓝色大理石球"挂在空中（图 1.2）。2005 年，NASA（美国航天航天局）公布的"蓝色宝石"图像，由几颗卫星拍摄的图像合成，是在太空中拍摄的地球的最美丽的照片之一。从照片中可以看到陆地、海洋、云层和灯光，揭示了空气、水、土地和地球上的生命组成一个复杂的、不断变化的互动系统。从太空上看，地球的标志性特征是它的颜色是蓝色的。

图 1.2 "蓝色大理石球"——从太空看地球（图源：摄图网）

"暗淡蓝点"——最有名的地球照片

你能想象在外太空看到的地球就像一颗悬浮在阳光中的微尘吗？1990年2月14日，在NASA的无人外太阳系空间探测器"旅行者1号"太空船（主要任务是探测木星、土星及其卫星与土星环，预计2025年后彻底和地球失去联系，成为漂浮在宇宙中的一艘"流浪探测器"）刚完成它的首要任务，即将飞越太阳系八大行星的轨道外，接到指令向后看以拍摄它所探访过的行星。于是，在距离地球64亿千米之外的太空，"旅行者1号"调转镜头，对准地球和太阳系中的其他成员，拍下一张珍贵的"太阳系全家福"。其中的一张照片里可以看到地球只是一个太阳光带中的模糊的点——渺小的"暗淡蓝点"。而我们——人类，正是在这个悬浮在阳光的小点上生活、延续！

1.1.2 地球概况

地球是太阳系从内到外的第三颗行星，也是太阳系中直径、质量和密度最大的类地行星，是人类唯一的家园。住在地球上的我们又常将地球称为世界。那人类究竟是如何了解地球的？我们了解的地球又是怎样的呢？

地球的大小

早在公元前200年左右，一位叫埃拉托塞尼的古希腊学者就利用简单的几何推导测算出地球的大小。他知道，在每年夏季第一天的正午，在埃及城市西奈（现在叫阿斯旺）观测，会看到太阳正过头顶并且太阳光会直射到深井的底部。然而，同一时间在往北大约0.16千米的亚历山大，太阳只能照到井壁，照射角度还稍微有些倾斜。埃拉托塞尼通过测量直杆影子的长度并应用初等三角几何知识，测得了这个倾斜角为7.2°（相当于整个圆周角360°的1/50），如图1.3所示。什么原因导致出现这样的差异？因为地球的表面不是平的，而是弯曲的。也就是说，地球是个球体。

埃拉托塞尼并不是第一个意识到地球是球体的人，哲学家亚里士多德在此前100多年就意识到这一点，但埃拉托塞尼是第一个直接测量并推算出地球尺寸的人。他的测量方法和原理是：到达地球的光线来自遥远的太阳，几乎平行传播。因此，在亚历山大测得的太阳光与铅垂线（亚历山大与地心的连线）之间的夹角等于从地心处看西奈与亚历山大之间

的夹角,而这个角度的大小则与地球从西奈到亚历山大的部分周长成正比,如下式所示:

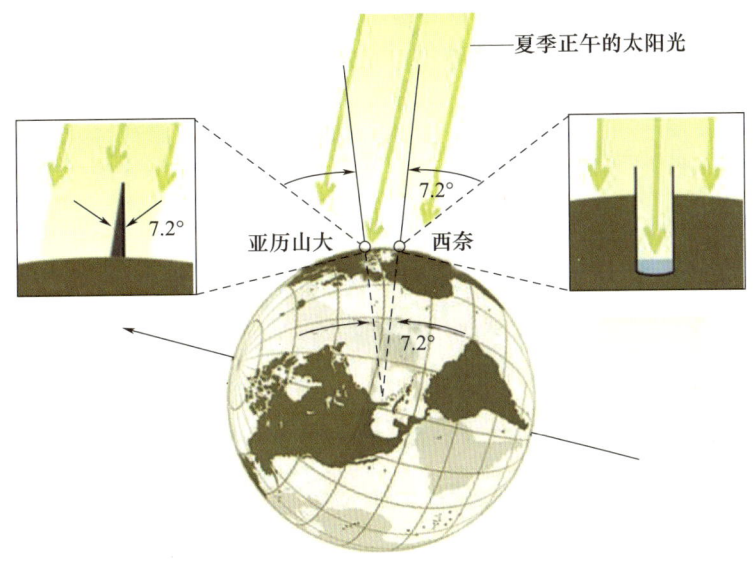

图 1.3 埃拉托塞尼测算地球大小示意(绘图:贾鹏)

$$\frac{7.2°(西奈与亚历山大之间的夹角)}{360°(整圆的度数)} = \frac{800 千米}{地球周长}$$

由此得出,地球周长约 40000 千米,再利用圆的周长公式就可以得出地球半径约是 6366 千米。

埃拉托塞尼仅靠测量地球表面的一小部分,利用简单的三角几何知识和基本的科学推理,就推算出精度在 1% 以内的地球周长,他的推理无疑是个非凡的成就,也是早期科学方法的胜利。

随着科学技术的发展,人类的测地方法日趋完善。在现代,除用大地测量方法外,科学家们还可通过测量人造卫星轨道等方法测量地球大小。目前,国际上所采用的地球大小参考数值(赤道半径值约为 6378.14 千米)就是通过大地测量、人造卫星测量等方法互相配合而得出的。

地球的质量和密度

知道了地球的半径,我们就可以算出地球的体积,接着根据万有引力定律(物理学家牛顿提出)可以计算出地球的总质量,地球的平均密度等。全球公认的数据是:地球质量 5.97237×10^{24} 千克,平均密度为 5.507 克/立方厘米,表面积大约是 5.1×10^{14} 平方米,体积约为 1.08×10^{21} 立方米。

地球的体积并非恒定。随着时间的推移，地球会发生"膨胀"。据科学家推算，地球从诞生至今，半径已增长了近 1/3。地球体积变大的原因是由多方面引起的，其中一个方面与地球内部物质上涌，从而导致地球上部物质增多有关。因此，地球体积的数值，也不是固定的。

地球结构

根据不同的测量方式，例如利用大气层中飞行的飞机、轨道上运行的卫星、地球表面的仪器、海洋中航行的潜艇、岩层下的钻井装置等，科学家已经建立了关于地球的整体图景。如图 1.4 所示，地球构成由内往外依次是：由固态内核和液态外核构成的地核（半径 3500 千米），地幔，大陆、海底组成的相对薄的地壳（5~50 千米厚），水圈（包含地球表面总面积约 70% 的海洋）。地表正上方是大气层，最外层是磁层（一直延伸到数千米外的空间）。

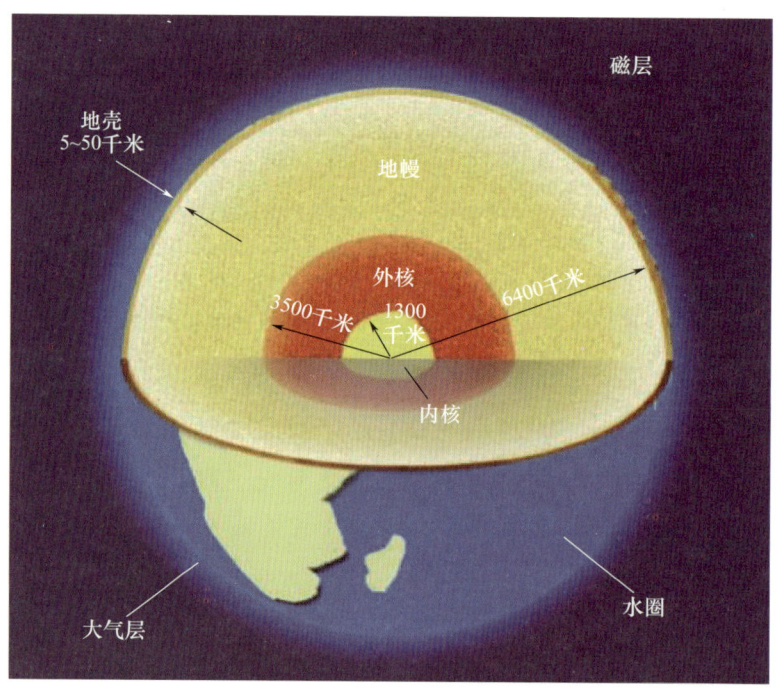

图 1.4　地球结构示意（绘图：贾鹏）

根据埃里克·蔡森与史蒂夫·麦克米伦的《今日天文 太阳系和地外生命探索》，地球的大气层中 12 千米以下的部分称为对流层，再向上延伸到 40~50 千米是平流层，50~80 千米的高度是中间层，80 千米以上是电离层。其中，对流层是大气发生对流（对流指的是暖空气不断上升，同时冷空气向下流动的过程）的区域。大气对流可能产生晴空湍流，特别是上升和下降时会导致飞机出现起伏，这也是明明晴空万里，我们坐飞机却会感觉到颠簸的原因，客机通常会飞到大部分湍流的上方，在对流层的顶部或平流层的下层飞行，因为这个区域的大气是较稳定的。

臭氧层属于平流层，能保护地球上的生命免受外太空严酷环境的伤害。科学家认为外太空有强烈的辐射和高能粒子，会对人体健康有害，如果没有臭氧层的保护，高级生命（至少在地球表面）是无法生存的。随着科技进步，人类在使地球发生着可能是永久的改变，一种被称为氟利昂的化学品被广泛应用于空调和冰箱的冷却剂、干洗产品的溶剂等，20世纪70年代的研究发现，它不是之前人们认为的会在使用后迅速分解，而是会在大气中积聚，通过对流进入平流层被阳光分解，产生的氯则会与臭氧发生反应，严重破坏大气的臭氧层，最终结果是使地球表面的紫外线辐射大幅增加。20世纪80年代卫星观测发现南极上空出现巨大的臭氧"空洞"，由此造成的影响极为显著，而后，较小的臭氧"空洞"也在北极被观测到。令人欣慰的是，人类在意识到氟利昂对大气的影响后迅速行动，大幅削减相关制品的使用并形成国际合作。

温室效应

部分太阳辐射会穿透大气层到达地球表面，这就是阳光。阳光将地球表面加热，而从地表再辐射的红外辐射被大气中的二氧化碳（也包括水蒸气）部分吸收，使地表与低层大气温度升高，造成温室效应。

"温室效应"这个名字来源于温室中的一个类似过程——阳光相对不受阻碍地穿过温室的玻璃窗，而大部分植物所发散出来的红外辐射被玻璃阻挡，无法脱身。因此，温室内部被加热，花、果实、蔬菜甚至可以在寒冷的冬天生长。

温室效应造成地球的升温，足以造成严重的气候变化，对许多物种（包括人类）的生存造成威胁，这要求人类必须迅速和大幅减少二氧化碳排放量，以最终扭转二氧化碳排放对生态环境的毁坏。

我国一直是生态文明的践行者、全球气候治理的行动派。2020年9月22日，国家主席习近平在第七十五届联合国大会一般性辩论上发表重要讲话，"中国将提高国家自主贡献力度，采取更加有力的政策和措施，二氧化碳排放力争于2030年前达到峰值，努力争取2060年前实现碳中和"。2021年3月5日，第十三届全国人民代表大会第四次会议听取和审议的《政府工作报告》中提出要扎实做好碳达峰、碳中和各项工作。2021年10月24日国务院发布《2030年前碳达峰行动方案》，部署降低二氧化碳排放等重要目标。这也彰显了中国的大国担当。

1.2 地球的运动——昼夜和季节

寒来暑往，日夜交替，人类在地球上生存的历史，如果从腊玛古猿算起，经过了1000多万年。规律的日夜交替对我们的生活极为重要。我们把连续两次正午之间的时间间隔作为基本的社会时间单位——天，即24小时的太阳日。一年有春夏秋冬四季：春季温和，夏季炎热，秋季凉爽，冬季寒冷。然而各地的春夏秋冬到来的时间不一样，长短也有所不同。昼夜和四季更替，是地球运动——自转和公转的结果。

周日变化

对"天"你一定不陌生，但"天"有不同的表示方法，而且用不同方法测量的"天"的长度不同，你知道吗？

太阳和其他恒星每天在天空中的运动被称为周日运动，这是地球自转的结果。任意一颗恒星在天空中的位置在不同的夜晚都不尽相同。因此，通过恒星来度量的天（称为恒星日，是地球真实的自转周期，也就是行星自转回到空间中相对于遥远恒星的同一方向所花费的时间），与太阳日（两次相邻的正午之间的时间）表示的一天长度有所不同。造成太阳日和恒星日之间差异是由地球同时以两种方式运动所造成的——地球绕其中心轴自转的同时，也在绕着太阳公转。

由于地球在绕太阳公转的同时也在绕其自转轴自转，每当地球绕其自转轴旋转一周时，它也沿围绕太阳公转的轨道移动了一定距离。因此，地球需要旋转比360°稍微多一点儿（大约是1°），才能让太阳回到天空中的同一视位置。所以，某天正午到第二天正午的时间间隔（太阳日）要比真实的自转周期（恒星日）稍微长一些，大约是3.9分钟。

季节变化

一年分四季，四季温度各不相同，你知道这是什么原因造成的吗？很多人认为季节变化与地球到太阳的距离有关，但事实并非如此，由"俯瞰的"地球轨道可以看出它近似一个完美的圆，因此在一年内，地球到太阳的距离变化非常小（事实上，仅有 3% 的变化），这远不能解释季节性的温度变化。

我们都知道，晴朗夏日的星空与寒冷冬季的星空不同，年复一年，同一颗恒星在某一季节重新出现而在其他季节消失不见。造成这种规律的季节变化的根本原因是地球围绕太阳的公转。因为公转，每晚地球黑暗的半球面对的空间方向都有较小的不同，而由于这种周期运动，对于地球上的观测者来说，太阳看起来相对于恒星背景运动了一年的时间。太阳在空中的这种视运动在天球上划出的轨迹被称为"黄道"（倾斜是因地球自转轴与其公转轨道之间存在夹角造成的），而地球公转的轨道平面被称为黄道面。

图 1.5 显示了地球上的季节变化源自地球自转轴相对于其公转平面（黄道面）的倾角。夏至点位于地球公转轨道上指向太阳与北极点最为接近的地方，冬至点则相反。随着地球的自转，地球赤道以北区域在夏至日受到太阳光照射的时间最长。因此，夏至对应于一年中北半球白昼最长的、南半球白昼最短的一天。6 个月后，北极距离太阳最远。这时我们将迎来冬至，即地球上北半球白昼最短、南半球白昼最长的一天。另外，当夏季太阳高挂于天空时，照射在地球表面的太阳光要更为集中——比冬天时覆盖的面积小，这将使我们感觉太阳光更热。由于太阳在地平线上的最高处、白昼时间最长，因此夏天通常要比冬天温暖得多，而冬天的太阳位置低、白昼短。

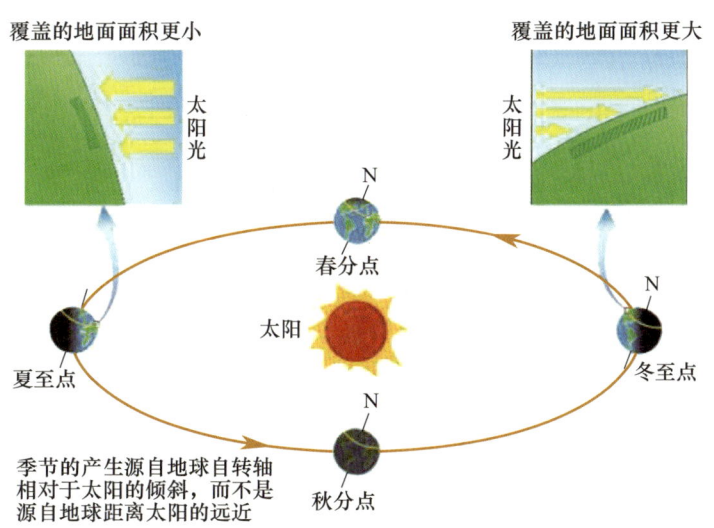

图 1.5　季节变化示意（绘图：贾鹏）

春分和秋分点对应于地球公转轨道上当地球自转轴垂直于地球与太阳连线时的位置，

这一天昼夜时间相等。在秋天（北半球），当太阳从北半球运动到南半球时，对应的交点称为秋分点。春分则出现在北半球春天的3月21日左右，当太阳穿过天赤道向北运动时。春分点与冬天的结束和新的生长季节的开始联系在一起，同时在人类计时方面扮演着重要的角色——两次春分之间的时间间隔被称为一个回归年（365.2422个平太阳日）。

岁差的由来

地球绕太阳公转一周的时间（地球完成一次公转周期），称为"一年"。地球公转周期就是太阳周年时运动的周期，由于参考点不同，年的长度也不同，常用的有回归年和恒星年。回归年是我们日历中所用的年，如前所述，它是太阳在天球上连续两次通过春分点的时间间隔。相对于恒星来说，地球绕太阳公转一周的时间被称为一恒星年，大约是365.256个平太阳日，比一回归年长约20分钟。

地球的岁差运动是造成这种细微差别的原因。

地球有许多种运动方式——绕轴自转、绕太阳公转以及跟随太阳穿过银河系等。我们已经了解到地球的运动导致昼夜交替和四季更迭。实际上，类似一个旋转的陀螺，地球在绕其自转轴高速自转的同时，其自转轴也在缓慢地绕垂直于地面的轴线旋转，也就是说，地球自转轴随时间也在改变方向（尽管自转轴与垂直于黄道面的直线夹角总是保持在23.5°左右），这种变化被称为"岁差"。岁差源于月球和太阳的引力对地球的影响。其原因是地球并非正球体，而是一个椭圆球体，赤道部分较凸出，两极则稍扁，太阳和月亮对赤道凸出部分的吸引力较大，使地轴绕黄极缓慢移动，引起赤道面倾向的变化，造成地轴移动，因而春分点沿黄道以每年50″24的速度西移，大概要26000年移动一周。

前面提到，春分发生在地球自转轴垂直于日地连线之时，此时太阳从南向北穿过天赤道。如果没有岁差，在恒星年内，这将正好发生一次，回归年与恒星年将完全一样。然而，由于地球自转轴指向的缓慢移动，自转轴下一次与日地连线垂直的时刻将比期望的稍有提前。因此，春分点随着岁差的周期运动会缓慢地沿黄道西移（"后退"）。如果我们依照恒星年来计时，随着地球的岁差运动，季节便会在日历上缓慢变化，这意味着在约1.3万年前，北半球的夏季在2月底到来。而使用回归年，才能确保北半球7月和8月是夏季月份。

1.3 活动的地球

1.3.1 地球的内部活动——火山爆发和地震

自古以来，人类就居住在地球上，却不能深入探测地球的内部，因为没有任何可用于钻探的工具，包括我们已知最坚硬的物质——金刚石，它能承受超过10千米深度的压力，但与地球半径相比，这仍然是相当浅的，所以钻探齿轮在坏掉前不可能走得太远。幸运的是，地质学家已经发明了其他技术，借助这些技术人类可以间接探测地球的深处，以了解地球的内部活动。

地球的激烈"脉搏"

对地球来说，地震就像极其痛苦的自身激烈振动的"脉搏"，有时甚至还出现巨大的破坏性。根据中国地震局官网数据，全球每年发生有感地震（指震级大于3.0级到小于4.5级，人们能感觉到但未直接造成人员重伤和死亡以及显著财产损失的地震）近5万次，每年发生可能造成破坏的5级以上地震有1000次左右，6级地震100余次，7级地震18次左右，8级以上地震1次左右。

地震是如何发生的呢？可以把地球结构类比成一颗熟鸡蛋，最外层硬硬的蛋壳就好比地壳，中间的蛋白就是地幔，最里面的蛋黄就是地核。当地壳板块相互挤压就可能导致岩层断裂，靠近地球表面的岩石的突然错位会导致整个地球的震动——地震，它使地球像一个巨大的钟一样鸣响。发生地震的点称为震源，震源垂直投影到地面的点称为震中。这些震动不是随机的，它们是系统的波，被称为地震波，从震中向外传播。地震波可以分为横波和纵波，纵波速度快，会使建筑上下震动；横波速度慢，会使建筑左右摆动。地震发生后，人们最先感受到的是地面上下震动，然后才是建筑物左右摇晃。为描述地震大小和地震影响，科学家制定了两个标准——震级和烈度。震级表示能量大小，用里氏1级、2级、3级、4级等表示。地下20千米处发生的小于3级的地震地面基本没感觉，6级以上人就站不稳了。烈度用来衡量地震对地表的破坏程度，分为Ⅰ到Ⅻ 12个度，离震中越近，破坏性越大,烈度越大。

地震会给人类带来巨大的灾害。1976年7月28日的唐山大地震(里氏7.8级),短短23秒造成的直接经济损失达30亿元。有些读者或许记得2008年5月12日的汶川地震(里氏震级达8.0),严重破坏地区超过10万平方千米,直接经济损失更是超过8451亿元(央视网)。之后,经国务院批准,自2009年起,每年5月12日为全国"防灾减灾日"。

那么地震可以预报吗?像所有的波一样,地震波携带着信息,这些信息可以被敏感的地震仪(被设计用于监控地球震颤的设备)检测和记录。根据时间尺度的不同,可将地震预报分为5个阶段,即长期预报、中期预报、短期预报、临震预报和主震后余震预报。但是,人类的视线还无法穿透厚实的岩层直接观测地球内部发生的变化,因此,地震预报尤其是短期临震预报始终是困扰世界各国地震学家的一道世界性难题。

"喷火"的地球

你也许去过大蜀山国家森林公园,但你知道吗,大蜀山是由火山喷发形成的。它是一座罕见的位于城市中的溢出型的死火山。火山锥、火山瀑、火山颈等火山遗迹至今保存完整,是江淮地区不多见的典型火山地貌。

提起火山,你的头脑里是不是已经涌现出书中、电影中火山喷发的影像:岩浆喷涌、石块翻腾、浓烟蔽日,同时伴有巨大的轰鸣声。火山喷发是如何形成的呢?

地球内部温度和密度不均匀,越往深处,压力越大,在地幔内部形成对流,高温物质上升到地球浅部时,由于压力减小而发生部分熔融,会形成炽热的岩浆,烧熔了的岩浆通过岩石空隙或裂缝向上运动,岩浆不断上升过程中,当岩浆囊压力大于地层压力时,岩浆便会从薄弱的地方冲破地壳,喷涌而出,造成火山爆发。另外,地球板块相互作用产生局部高温,一些岩石矿物熔融也会形成岩浆,从而引发火山爆发。

火山遍布世界各地,比如长白山天池火山是我国境内保存最为完整的新生代多成因复合火山,美国黄石公园"超级火山"是全球最大的超级火山等。火山喷发会给人类带来很多危害,如火山喷发产生的大量火山灰和火山气体会对气候造成极大影响;火山灰和降水结合形成的泥石流会破坏道路和桥梁,摧毁房屋、建筑;不仅如此,火山活动还会造成海啸、地震、山体滑坡等次生灾害。2022年1月15日中午,汤加火山爆发(图1.6),喷出的火山灰高达20千米,爆发引发了猛烈的海啸,造成汤加王国通信中断。据有关专家估计,汤加火山爆发等于1000颗原子弹同时爆炸,威力可想而知,而爆发所造成的影响也波及半

1 人类的家园——地球

图 1.6 汤加火山喷发（图源：摄图网）

个地球，甚至是远在北半球的中国都检测到海啸波，更不用提汤加王国的邻国遭受到多么大的影响。

另外，火山也给人类创造了很多资源，火山喷发中产生的火山灰是良好的肥料，火山活动提供了大量的地热资源，火山喷发也会带来大量的矿藏。

由于地球的地质很活跃，它的内部在沸腾，火山运动让熔化的岩石和滚烫的火山灰通过表面的裂缝或裂纹上涌，随之而来的就是承受了巨大压力的地壳突然移动引发的地震。一方面，地震和火山爆发给人类带来了灾难；另一方面，科学家也通过监测地震波和火山爆发的喷出物窥见地球内部的一些信息，这些能帮助我们更深入地了解地球。

1.3.2 地球的表面活动——大陆漂移

对岩石、熔岩和其他地球表面特性的研究表明，地球表面活动在很久以前非常频繁，可能还很猛烈。科学家已将地球目前活跃的地区绘成地图。有趣的是，活动点沿着能清晰定义的路线活动，在这些路线上，地壳岩石移动（如地震）或地幔物质上涌（火山）。在 20 世纪 60 年代中期，科学家们意识到这些线是巨大的"板块"的轮廓，"板块"是地球表面的"砖"。同时，最令人惊奇的是这些板块仍在缓慢移动，也就是说地球表面正在发生着漂移——"大陆漂移"。板块的碰撞最终创造了地球表面的山脉、海沟和其他结构，并塑造了大陆本身。

一个常见的误解是板块就是大陆。确实，大多数板块由大陆构成，但也有的是由一个大陆加上一部分海洋构成的。例如，印度洋板块包括印度、印度洋的大部分、澳大利亚及其南部海洋等。还有一些板块以海洋为主。海底本身是一个缓慢漂移的板块，海水只是填充了各大洲之间的凹陷。

因为板块向四周漂移，那碰撞是不是"家常便饭"？事实上，板块确实存在碰撞，但不像两辆汽车发生碰撞后会停下来，表面板块被巨大的力量驱动，它们不容易停止。相反，它们只是不停地一个冲击另一个，重塑地质景观，并引起剧烈的地震活动。

是什么产生了如此巨大的力量，拖动板块产生漂移？答案可能是对流。

1.4 蓝色——地球的本命色

1.4.1 晴朗的天空为什么是蓝色的

"天空为什么是蓝色的？"这个问题是如此的普通，但许多理解仍存在偏差，例如：因为它会反射海洋的颜色；因为氧气是一种蓝色气体；因为阳光有一种浅蓝色的色调等。事实上，天空呈现蓝色的原因是三个简单因素的结合：太阳光由许多不同波长的光组成，地球大气由对不同波长的光有着不同程度散射的分子组成，以及我们眼睛对不同波长的光敏感度不同。

首先，阳光由各种不同波长的光所组成。不同波长的光与物质的相互作用有不同的反应。例如，微波炉中的大孔洞能够让波长较短的可见光进进出出，又能使波长更长的微波被困在腔内来回反射；再如，太阳镜上的涂层能反射紫外线、紫光和蓝光，但允许较长波长的绿光、黄光、橙光和红光通过。

其次，天空并不完全"纯净"。空气中飘浮着许多微小的尘埃、冰晶、水滴等，因为这些"杂质"的存在，太阳光在穿透大气层射向地面的时候，会被"杂质"散射开。假设天空没有大气层,也没有这些"杂质",就没有散射的发生,那么在白天,除了可以看到灼眼的太阳,天空的背景就是一片黑暗。如果天空晴朗,大气中没有太多的颗粒(由于像氮、氧、水、二氧化碳分子以及氩原子这些气体分子直径远小于光的波长,会出现被称为"瑞利散射"的散射现象),比较纯净,有利于短波光线的散射,阳光中波长较短的蓝光和紫光极易通过大气散射开来,散布在整个天空。

如果较短波长的光被散射得更强,那么为什么天空不是紫色的呢?事实上,与蓝光相比,大量的紫光会穿越大气层。因为人的眼睛对蓝色、青色和绿色的光比对紫光反应更强烈,所以即使天空中存在更多的紫光,也不足以与我们大脑内强大的蓝光信号相抗衡。也就是说,如果我们能够非常有效地看到紫外线,天空可能会有更多的紫色。

当太阳高高悬挂在天空中时,整个天空都是蓝色的。根据太阳的位置和观看区域的不同,天空的颜色会出现一些有趣的变化,所以在外太空中的宇航员则有机会观看到更美更壮观的画面,图1.7展示的是从太空看地球的大气层的图片。

图1.7 从太空看地球的大气层(图源:摄图网)

相比于常见的蓝色天空,绿色天空较少见。当然,这也是散射造成的。在风暴来临前,散射的介质和蓝天的细小杂质也不一样——是冰粒和水滴。风暴中的水滴和冰粒密度极大,并且近乎连成一片,蓝光和一部分绿光光波比较短,穿透力差,容易发生散射。此时,风暴中的水滴和冰滴呈蓝色,恰逢太阳刚好西落时,处于地平线的落日没有被云挡住,散射出夕阳的黄色,水滴、冰滴的蓝色叠加夕阳的黄色,便让天空看上去是绿色的。2022年7月,在美国南达科他州苏福尔斯市,天空就曾变成奇怪的绿色。

1.4.2 从太空中看地球也是蓝色的

还有一个同样有趣的问题则是"为什么从太空中看地球是蓝色的"。火星是颗红色星球，月亮是灰白色的，土星放出黄光，太阳闪耀着璀璨夺目的白光，而我们居住的地球，无论从深空还是略高于我们的近地轨道，或者到太阳系的外太空，看到的地球都闪耀着蓝色，这是为什么呢？

千万不要被骗了，这与地球的大气层一点儿关系都没有。地球不是因为天空和大气层是蓝色而呈蓝色的。因为如果是这样的话，那么从其表面反射出的光都将是蓝色的，这与我们看到的实际情况不相符。

并不是整个星球都是蓝色的。云层本身和地球两极的冰雪一样，是白色的，而从远处看到的陆地，有的呈棕色，有的则是绿色，这取决于当时的季节以及当地的植被覆盖情况。其次，也有真正来自蓝色的部分——海洋。地球上蓝色的程度取决于海水的深度。仔细看，你会注意到相比于深蓝色的海洋，与大陆毗邻的区域（沿着大陆架）会出现较浅的青绿色色调。你可能听说过"海洋之所以是蓝色，是因为天空是蓝色的，海水正是反射了天空的颜色"这样的论述。我们已经讲过天为何是蓝色的了，但如果真的只是因为海洋反射了天空的颜色，那为什么看到的海洋会出现这些深浅不一的蓝色？

事实上，海洋是由水分子构成的，像所有分子一样，水分子能优先吸收某些波长的光。最容易被水分子吸收的光是红外线、紫外线和红光。这意味着如果你潜水到更深的深度时，从太阳那里感受到的温暖会更少，将免受紫外线的辐射，周围的事物开始变蓝，如同红光被完全夺走一样。再向下，黄光、绿光和紫光都开始消失。最后，当我们到达海洋几千米的深度时，蓝光也消失了。

这就是深海处是深蓝色的原因：所有其他波长的光波都被吸收了，而最深的蓝色最有可能被反射并重新辐射回宇宙。这也是为何假如整个地球都被海洋覆盖，只有 11% 的来自太阳的可见光会被反射回太空中去，因为海洋实际上相当擅长吸收阳光。

基于地球 70% 的表面被海洋覆盖，且大部分都是深海区这一事实，致使我们的世界从远处看起来是蓝色的。

1.5 美丽的极光——地球的桂冠

极光与日全食、火山喷发并称为自然界三大奇观。其中,极光是地球上产生的自然现象中最壮丽神秘的奇观之一:黑暗的夜空中绿色、粉红色、蓝色等绚丽的光彩像被风吹拂的窗帘般闪烁摇摆,令人着迷。

远在古代,极光作为天象之谜被人们密切关注着,在世界各地的神话中也经常会出现。极光这个词是由意大利天文学家、物理学家伽利略命名的。根据 NASA 中文网官网,极光离我们很近,近在地球大气之内,高度约有 1000 千米。相较之下,银河的恒星和星云,平均距离在 1000 光年(天文长度单位,1 光年相当于光在一年走过的距离)上下,约为极光高度的 10 兆倍,图 1.8 显示了美丽的极光景象。

图 1.8 美丽的极光景象(图源:摄图网)

极光是如何形成的

说到极光，人们往往认为其在苍穹之中突然展现炫目风采，随即又消失得无影无踪。极光虽是地球上产生的现象，却并不是地球自身便能产生的，因为没有太阳是不能形成极光的。

太阳被周围的稀薄大气层——色球层和日冕包围着。最外侧的日冕可以达到太阳半径数倍的距离，其内部是等离子体气体。由于离太阳越远，太阳的重力和磁场的影响就越弱，因此，日冕外侧的等离子体气体会脱离太阳并被释放到宇宙空间，这被称为太阳风。太阳风不仅在太阳的周边，据说还可延伸到太阳与海王星之间距离的数倍距离。正是因为有太阳风，地球才能产生极光。

地球可看作一块巨大的磁铁，具有能将整个地球覆盖在内的巨大磁场（地球磁层），对于地球上的生命而言是重要的保护罩，可以防止来自宇宙的带电粒子入侵地球，尤其是"太阳风"的带电粒子。

当太阳风来到地球的周围时，由于等离子带有电荷，在与地球大气相撞时，便会发出绿色、粉红色的光。极光帘子般的形状，则是由于等离子体沿着地球磁场的磁力线流动，使大气闪烁。虽然人们无法用肉眼捕捉磁力线，但由于地球的大气和太阳风的存在，人们能够以极光的形式看到地球的磁力线。

极光一般只出现在高纬度地区，特别是北极和南极。极光与太阳风的活动有紧密的联系。太阳风强烈时，平时被地球磁层屏蔽、难以抵达地球表面的带电粒子便会从磁场较弱的北极、南极附近入侵地球，形成美丽的极光。因此，如果观测到极光现象，就证明太阳活动正处于极为剧烈的时期。

1.6 地球起源之谜

作为太阳系的一个行星成员，地球通常被认为和太阳同一时期诞生，从 18 世纪中叶开始至今，人类对地球进行了深入的研究，但直到今天，我们对地球的起源仍然不清楚。

地球是太阳系的成员之一，地球的起源和太阳系的起源很早就被认为是同一个问题。目前被广泛接受的理论是，太阳系源于星云的坍缩而形成圆盘，圆盘的核心形成了太阳，外围的星云气体和尘埃逐步汇集形成了行星。类地行星是通过太阳系星云中的尘埃逐步汇集成较大的颗粒，随后，颗粒碰撞增大质量形成星子，再通过引力更快地吸收周围的物质从而形成原始行星。原始行星在引力的作用下吸引周围的气体，形成行星的原始大气。这些原始行星围绕太阳运动，可能通过与其他原始行星碰撞形成更大的行星，或者在碎裂之后被其他较大的行星吸收，那些没有被碰撞的原始行星则可能变成行星的卫星或者是星际之间较小的星体。

在行星形成的过程中，距离太阳较近的区域温度较高，易汽化的物质都在高温下挥发，仅留下岩石和金属类物质。这些密度较大的物质经碰撞并逐步汇集形成了固态行星。地球被认为就是这样形成的，但还需要更多的证据进一步证实。

思考题

1. 假日和家人出去旅行时，你都看到过哪些美丽的风景？
2. 在地球上，有什么方法可以判断地球在自转？
3. 为保护地球，我们应该做些什么？

2 地球的忠实伴侣——月球

"月亮走我也走,我和月亮交朋友,兜里装着两个蛋,送给月亮当早饭。"你是不是也在小时候唱过这样的儿歌?是不是也曾因为夜晚月亮总是跟着自己走走停停而困惑?夜晚天边的月亮又曾激起你怎样的遐想?

月球,是地球的唯一的天然卫星,几十亿年来一直陪伴着我们,是除了地球以外人类了解最多的天体。

2.1 诗词中的"月亮"

夜晚,仰望星空,看到一轮明月发出柔和的光,大多数人会充满无尽的想象。映照在中国人心里的有两种不同的月亮:一种是神话观念中的月亮,它淡泊静谧、空寂通脱;另一种是科学本体的月亮,它盈亏变化,时暗时明,启迪着科学与智慧。

古往今来,无数文人墨客写下关于月亮的优美诗篇。月亮如同一颗耀眼的明珠,激发着人们内心的情感:它们有时幽静美丽,有时凄凉孤寂,有时圆满和谐,有时残缺遗憾……

寄托思乡之情

月亮是昭然于天际凝然不动的乡愁,诗人怀念故土、父母的情思常寄托于明月传递。浪子云游天涯之际总是把明月与故乡联系在一起,明月成为抒发乡愁、寄托相思的象征,它牵系着相思的心灵,缩短了时空的距离,引出亘古一月、两地相思的主题。

大家耳熟能详的"诗仙"李白《静夜思》中的诗句"举头望明月,低头思故乡"蕴含了诗人对远方亲人深深的想念。夜深人静之际,诗人凝望空中的明月,想起在同一片月光的笼罩下的家乡,缓缓地低下头,思念家乡的山水、家乡的食物,家人熟悉的笑容……家乡的一切都是那么美好,这时的月亮恰如离乡游子与家乡亲友间的桥梁,仿佛家就在桥的另一端，那里有家人深切的嘱托和挂念。

张九龄《望月怀远》中的千古佳句"海上生明月，天涯共此时"，更是表达了作者在月夜怀念远赴他乡友人的真挚情感。诗人用朴实自然的语言勾勒出一幅温馨的画卷：茫茫的大海上，升起一轮金黄的明月，柔和的月光洒在海面上，蔚蓝色的海水与金黄色的月光相互重叠，构成了这朦胧的夜；作者不禁熄灭蜡烛，让月光也洒入卧室，起身披衣徘徊，恨不能与朋友共享这美好的时刻，但只能相约梦中，共叙友情。

唐代诗人王建的《十五夜望月》"中庭地白树栖鸦，冷露无声湿桂花。今夜月明人尽望，不知秋思落谁家"则以白地、栖鸦、冷露、桂花、月亮等意象营造出孤独、凄凉的画面。深秋萧瑟，鸦有栖息归所，人却无法回归家园，月圆人不能团圆。诗歌以悲景写悲情，抒发了思念亲人的深深情意。

素有"千古第一才女"之称的女词人李清照以"雁字回时，月满西楼"，好一个"月满西楼"道尽了思念的人各在天涯一方，心意越是互通、思念就越是辗转难捱。伊人立西楼，任凭月亮圆了又圆，也只能任由思念才刚下了眉头，复又缠绕上心头。

表达孤寂失意

对于人类来说，有时月亮是一个孤独的主体。在《月下独酌》一诗中有"花间一壶酒，独酌无相亲。举杯邀明月，对影成三人"，李白自喻明月，月、人、影实为一体。在现实世界里，李白感到的是孤独。宋代辛弃疾的《满江红·中秋寄远》词中写道："谁做冰壶浮世界，最怜玉斧修时节。问嫦娥、孤冷有愁无？应华发。"诗人明里关怀嫦娥之孤冷，暗中感伤自己之幽独。

预示永恒超越

月亮是一个永恒、圣洁的存在，而现实中人的有限性与其构成了强烈的反差，人们内心不甘而惆怅，于是就把对永恒美好的憧憬寄托在月亮之上。

《春江花月夜》从"海上明月共潮生"到"落月摇情满江树"，以月为中心意象，写了一夜之间明月由升至落的过程。"江畔何人初见月？江月何年初照人？人生代代无穷已，江月年年望相似。"月、江是永恒的，而现实人生则是短暂的，两者形成了鲜明的对比。面对宇宙之永恒、历史之悠悠，人们感到自身的渺小、人生之短暂，而把天上的明月视为永恒的化身。在古典诗词的世界中，永恒的明月是人生最大的宽慰。

表达美好祝愿

在古代，人们常借诗词来表达对友人的美好祝愿，"月亮"成为真挚祝福的化身。苏轼《水调歌头·明月几时有》中，"但愿人长久，千里共婵娟"，用"婵娟"指代"明月"，表达出作者希望自己的胞弟可以健康、平安，即使相隔千里，惦记也时时相伴。

以月寄情山水

月亮本身就是清幽、雅致的，有脱俗的气质，也充满诗情画意。王维的"明月松间照，清泉石上流"与"月出惊山鸟"，前一句中松间有月高照、石上有泉独流，充分体现了诗人对田园生活的崇尚和恬静淡泊的追求；后一句中赋予月亮动态化，月亮在山林之上破云而出，惊醒了睡梦中的鸟儿。这种以静写动的方式更加突出整座山林的幽静雅致，表现出"诗佛"王维悠闲洒脱的心境。

流露真挚爱情

思想较为传统的古代，"月亮"成为充满浓浓爱意的化身，月夜特有的朦胧幽静，渲染了恋人间的柔情气氛，月亮的洁白长存预示着真挚爱情的至死不渝，诗词中的月亮也变得具有幸福感。例如"月上柳梢头，人约黄昏后"，将元宵佳节，单身男女约会的紧张心情和甜蜜的期待表现得淋漓尽致。张先的《诉衷情·花前月下暂相逢》，开篇即是"花前月下暂相逢"，写出了恋人相见时美好的场景。然后"花谢月朦胧"，用枯萎的花和朦胧的月表示两人之间难以得到的爱情。而"花不尽，月无穷，两心同"，又道尽对于爱情的执着，这里的月亮就是恋人之间对于爱情坚守、执着与追求的具体体现。

西方诗人也倾情于月亮。

有的将月亮看作人类亲密无间的伙伴，比如鲍勃·图克《月亮，我的朋友》："我看见圆圆的月亮，今夜又来找人玩耍。它在地面寻找伙伴，因为天上无人将它陪伴……"诗中的月亮轻松、活泼、亲切，被描写成可爱淘气的小孩，在空中寂寞，便悄悄从树梢溜到地面找玩伴，给人轻松愉悦的感觉。

也有诗人通过月亮抒发美好祝愿。如勃洛克的《愿黑夜中月亮永照》："愿黑夜中月亮永照／愿生活带给人们幸福，愿我心中爱情的春天／永不被凄冷的风雨所替换。"西方早期浪漫主义诗人则比较喜欢借月抒情，尤以月亮象征爱情为主，如法国象征主义诗人魏尔伦的《白月亮》："白月光／洒在树丛上／每一根枝／每一片叶／都发出一个声音／噢，亲爱的；池塘／清澈的明镜／在黑暗中映出／风中舞动着的／柳枝的身影；梦，正是时候／宛如苍穹中那星球投射的／巨大而温柔的抚慰。"诗歌表达了诗人的充分想象：在白色月光的轻拂下，周遭的一切景物似乎都散发出爱人般的迷人光彩，在浩渺的生命长河中，给诗人温柔而巨大的抚慰。作为法国象征派诗人的代表，魏尔伦诗歌中的"月亮"具有很强的隐喻意味，浪漫而浓厚的爱情气息扑面而来。

另外，在很多诗人的笔下，月亮是美丽女性的化身。济慈在著名的《夜莺颂》中把月亮比作皇后，高贵而富有尊严："夜无限温柔／月后或已登上她的宝座"。英国浪漫主义诗人雪莱在《云》中写道：焕发着白色火焰的圆脸盘姑娘，凡人称她为月亮，朦胧发光，滑行在夜风铺展开的，我的羊毛般的地毯上。诗人将月亮比作"圆脸盘姑娘"，寄托了诗人对圣洁和美丽爱情的向往。

一轮天上月，千古诗词情。月亮的文化意蕴丰富而深厚，一直浸润着生活在地球上的人们的心。

2.2 月亮的故事

2.2.1 关于月亮的美丽传说

自古以来，月亮除了活跃在诗词歌赋中，还有很多美丽传说。

月亮之神

《山海经·大荒西经》中记载："有女子方浴月。帝俊妻常羲，生月十有二，此始浴之。"传说常羲（帝俊妻子）生有十二个姑娘，长得一模一样，每人都有一张饱满圆润而又洁净的脸庞，每到夜晚，就会放射出格外明亮清澈的银色光辉，把漆黑的大地照亮得如同白昼。有一次，她们偷偷来到人间游戏玩耍，被人间的美景迷住——广袤的草原、茂密的森林、奔涌的江河、蔚蓝的大海、巍峨的高山、遍地盛开的鲜花、林间的鸟儿……就在玩得高兴时，她们同父异母的哥哥太阳落下西山，黑暗笼罩了大地。她们惊愕地发现，一幅幅美丽的画不见了，漆黑的夜色笼罩了大地，人们不得不在黑暗中生活。于是，姐妹们想到自己那饱满光洁、可以放出光辉的脸庞，就一致决定，像自己的哥哥一样轮流飞上天空，在夜间接替太阳的工作，同样把光辉洒向人间，驱走夜晚的黑暗。她们的决定得到母亲常羲的赞同。于是十二个姑娘在夜晚轮流升上天空。每人一个月，十二人轮流一遍，就刚好是一年。就这样，每当夜幕降临，她们在夜色中缓缓上升，然后面向大地，慢慢地向西，日复一日，年复一年。从此，夜晚的天空因月亮姑娘的出现而变得皎洁明朗。月光下，诗人灵感涌现，激情荡漾，吟诗作赋，留下了一篇篇千古佳作。

嫦娥奔月

唐朝诗人李商隐有诗《嫦娥》："云母屏风烛影深，长河渐落晓星沉。嫦娥应悔偷灵药，碧海青天夜夜心。"

传说嫦娥是后羿的妻子，本叫恒娥，因汉代人避讳当时皇帝刘恒的"恒"字，之后将名字改为嫦娥。传说帝俊的十个太阳儿子，一下子全部跑出来玩，结果天有十日，地下大旱，民不聊生。射手后羿一怒之下射下了九个太阳，拯救了庶民百姓，于是，西王母赏他不死之药，不仅可以长生不老，还可以飞天成仙。后羿有个徒弟逢蒙知道后，想把灵药弄到手。有一次趁后羿外出，逢蒙闯进后羿家里，想抢走灵药。嫦娥自知不是逢蒙对手，危急之下拿出不死药一口吞了下去。嫦娥吞下药，身子立刻飘离地面，向天上飞去，飞到月亮上成了仙。

吴刚伐桂

月亮看上去有一片阴影，这也有许多相关传说。其中的一种说法见唐代《酉阳杂俎·天咫》："旧传月中有桂，有蟾蜍，故异书言月桂高五百丈。下有一人，常斫之，树创随合。人姓吴，名刚，西河人，学道有过，谪令伐树。"这说的是西河人吴刚在学道中犯了错，被罚在月中砍桂花树，但是砍一刀长一刀，永远也砍不倒。

蟾蜍和玉兔

传说中月亮上不仅有嫦娥和吴刚,还有蟾蜍和玉兔,人们还用玉兔代指月亮,如"玉兔东升"。那蟾蜍和玉兔从何而来呢?传说有很多,一说蟾蜍是嫦娥所化。《淮南子·览冥训》载:姮娥窃以奔月,托身于月,是为蟾蜍,而为月精。也有说嫦娥奔月后,玉帝大怒,将嫦娥变成玉兔在月宫里捣药,以示惩罚。还有说嫦娥飞天后,后羿日夜思念,最后变成玉兔,常伴在嫦娥身边。也有说嫦娥开始升空时,身体变轻,惶恐中抱起了一只喂养的白兔,白兔便随她一起上了月亮。玉兔在月宫有一支捣药杵,夜晚在药臼中捣制长生不老的灵药。现在我们知道,蟾蜍和玉兔是月球上的山峰山谷在地球上看到的影子。

2.2.2　为什么感觉月亮跟着自己走

小时候,晚上走在路上的时候,你是否总是感觉月亮在跟着自己走?坐在汽车、火车上眺望窗外,会感觉窗外的景色正飞快地离自己远去,但只有月亮会永远位于同一个方位,就像它在一直跟着自己走。为什么会产生这种感觉呢?

这是因为相较于地球上的景色,月亮与我们之间的距离实在是太遥远了。月球距离地球约为38.4万千米,大约相当于30个地球排列起来的长度。假设我们能够同时在地球的东西两端观测月球,月球的位置在角度上仅相差不到2°。2°大约就是伸直手臂看食指时,食指宽度所指示的角度。也就是说,在地球的东西两端观测月球,中间的差距不过一个指头宽,因此无论我们在地面上移动的速度有多快,用肉眼观测到的月球就好像总在同一个位置上。

与之相对应的是,地球自转造成的月球移动反而幅度会更大。仔细观察月亮一整夜,就会发现它和太阳、星星一样,都是自东方升起,划过南方的天空,向西方落去。

2.2.3　不可思议的月亮圆缺

"人有悲欢离合,月有阴晴圆缺",夜晚仰望天空,你会发现每天的月亮都不太一样,从新月到满月,然后再回到新月,差不多29.53天完成一次规律的周期性变化(称为月相)。是什么原因引起月相变化呢?月球绕地球运动,使太阳、地球、月球三者的相对位置在一个月中有规律地变动。因为月球本身不发光、也不透明,月球的发亮部分只是反射太阳光的部分,所以只有月球直接被太阳照射的部分才能反射太阳光。因此,我们从不同的角度上看，月球被太阳直接照射的部分不同，这就是月相的来源，如图 2.1 所示。

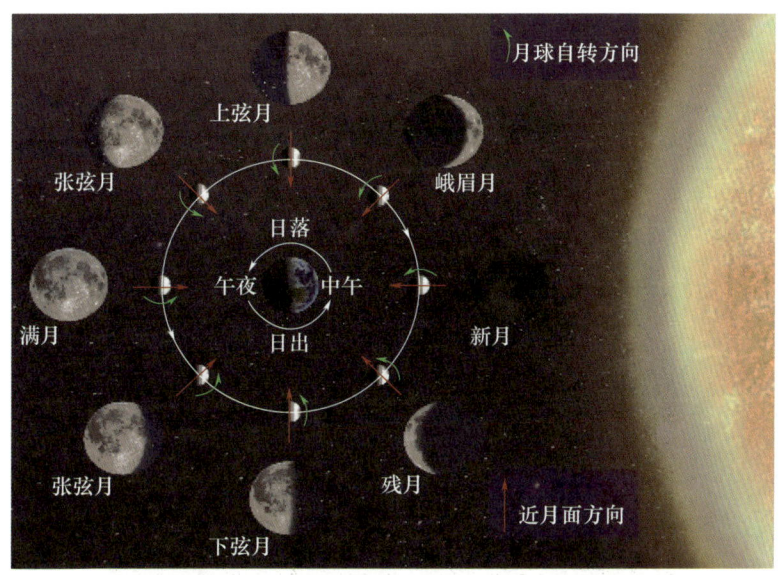

图 2.1　月相变化原理图（绘图：贾鹏）

任何时候，月球都只有一半的表面被太阳光照亮。然而，并不是月面上所有被太阳光照射到的地方都能被我们看到，因为月球相对于地球和太阳的位置在改变。满月（也称望月）时，我们看到整个"亮面"，此时太阳和月球在天空中分别位于地球两边相对的地方。在新月（也称朔月）时，月球和太阳几乎处于天空中同一方向，月球被照亮的一面背对着我们，从我们的角度来看，太阳几乎是躲在月球的后面。

试想一下，既然月亮被太阳光照射看起来像是在发光，那么月球运转到满月位置时，难道不会被地球的阴影挡住而无法发光吗？这是因为在真实的宇宙空间中，月球并不紧挨着地球。另外，在地球看到的月球轨道（白道）和太阳轨道（黄道）之间有大约 5° 的夹角，因此月球不会被地球的阴影遮挡，整个月球表面都会被太阳照亮。想象一下，直径只有地球四分之一的月球在距离地球 30 个地球远的地方受到太阳的照射，你是不是明白了？而且，正因为有这种细微的错位，太阳—地球—月亮排成一条直线的"日食或月食"才成为极为罕见的现象。

"超级满月"

超级满月指出现在"近地点"附近的满月，在绕地球的轨道上，是指与地球的距离超出最小距离不到 10% 的满月。2022 年的超级满月分别出现在 5 月 16 日、6 月 14 日、7 月 13 日和 8 月 12 日。不过，满月之间的大小与亮度差异不大，仅凭肉眼难以分辨和比较。对北半球的观星者来说，这轮满月也称为莓月。2022 年 7 月 13 日，很多人用手机就能拍到清晰的超级满月。图 2.2 展示的是 2022 年 7 月 13 日在广西南宁拍摄的超级满月。"超级满月"出现时，在地球上可以看到比一般满月面积大 14%、高度高 30% 的月亮，所以说，超级满月真的超级亮。

图 2.2　广西南宁的超级满月（拍摄：赵明珊）

2.3　真实的月亮

2.3.1　月亮其实和你想的不一样

我们常比喻圆圆的月亮像玉盘。如果你以为月球像足球一样圆，那就大错特错了。由于地球引力和月球自转的影响，月球的形状其实更像柠檬，是不是很有意思？

月球是地球唯一的天然卫星，距离地球 38.4 万千米，采用类似得出地球大小的简单几何算法，可以很快算出月球的半径约 1700 千米，是地球半径的 1/4，通过对地球轨道的分析，可以得到月球的质量约是 7.342×10^{22} 千克，约为地球质量的 1/80。由于月球质量比地球小得多，月球表面重力只有地球是 1/6。也就是说，如果登上月球，你的体重将是现在的 1/6。由此可以知道，宇航员在月球上穿着的太空服并没有它们看上去那么沉重。

月球表面是没有大气层的，这是因为月球质量太小，使它的引力场很弱（利用物理课本上的知识,可以算出月球的逃逸速度只有 2.4 千米/秒,与地球的逃逸速度 11.2 千米/秒相比小得多),这导致任何在月球形成初期表面上的大气都一去不复返了。由于缺少大气,月球表面的温度变化很大。在月球上,白天温度可以达到 127℃,远高于水的沸点;但到晚上,温度又会下降到零下 180℃,远远低于水的冰点。同样,因为月球表面大气层稀薄,几乎没有空气对流,没有风的侵蚀,所以如果在月球上踩一个脚印或画一幅画、写一个字,可能几百年都会保持不变。

2.3.2 月球上也有"山脉"和"海洋"

从第一个将望远镜指向月球的伽利略至今,天文学家和天文观测者已经能够看清楚月球的表面特征。图 2.3 是我国嫦娥二号获得的全月球影像图。

图 2.3 全月球影像图(图源:中华人民共和国中央政府网)

我们抬头仰望月球,能够看到月球表面有黑色的斑块。这些斑块是月球上的一种地形,名叫"月海"。自古以来,不同地方的人对月海的想象各有不同,有的将其看作月兔在打年糕,也有的看作螃蟹、女性的侧脸、读书的老奶奶、咆哮的狮子等。月球上有 22 个月海,大致呈圆形、椭圆形,其中最大的是"风暴洋"。人类在月球上留下的第一个脚印,也就是阿波罗号于 1969 年在月球着陆的地点位于"静海"。虽然叫"海",但月海里并没有水,而是巨型天体撞击月球,使月球内部岩浆涌至月球表面后形成的熔岩地貌。

借助天文望远镜或者双筒望远镜,天文学家能看清月球亮的区域,它们包括月球上的环形山、峡谷等丰富多样的地形。环形山是陨石坠落后形成的凹坑,每一座环形山都以天文学家的名字命名。其中,庞大而引人注目的便是"第谷"和"哥白尼",它们并称为两大环形山,因有着被称作辐射纹的呈放射线状延伸的亮带,更加凸显了其存在。月球上隆起的部分叫月球山脉,常以地球上的知名山脉名称来命名,尤其是"亚平宁山脉"和"阿尔卑斯山脉",都非常容易观测。令人意外的是,这些地形在满月的时候反而看不清楚。在月亮开始由圆转缺、太阳光斜照之时,月球表面的凹凸起伏被打上了光影,看起来更加立体。

观测和研究发现,与地球的土壤不同,月壤中不包含任何有机物质,月球表面是不毛之地,没有任何生命存在。同时,月球密度远低于地球密度,这意味着月球上缺少铁和其他重金属,月球上也没有大型磁场。

月球上的陨石坑以及"阿波罗"计划返回的月球表面样本,都揭示了来自两次不同的小天体群体的撞击线索。随着时间的推移,第一批岩石逐渐被消耗殆尽:大约38.5亿年前(月球形成于大约45亿年前),月球表面经历了一次剧烈的物质撞击,但这只持续了几亿年。然而,第二次的影响仍在以稳定的速度继续。在月球撞击研究中,一个悬而未决的问题是这些天体从何而来?如果它们是原始的(可以追溯到太阳系本身的早期),那么如此突然的猛烈撞击一定是由于行星在轨道上的某种迁移而破坏成不稳定的结构。然而,造成这种迁移的原因尚不清楚。但如果不是原始就有的,那么它们是从哪里来的呢?

因为自转和绕地球公转周期相同,所以月球有一个我们能一直在地球上看到的正面和一个我们永远看不到的背面。同时,和正面不同,月球背面没有大型的月海,几乎完全是高地,这意味着月球表面地形形成过程中地球的存在一定以某种方式发挥了作用。

2.3.3 月球上有水吗

地球因为有水的存在而孕育了生命。在其他星球上,有水就意味着有可能发现新的生命,也意味着人类或许能够在其他星球上生存。因此,对于月球上有没有水,人类的兴趣由来已久,甚至在阿波罗登月之前。

早在20世纪60年代,一些科学家就认为月球两极附近理论上可能存在水。关于月球存在水的事实,更是已经被多次"实锤"了。

1994年,NASA的"克莱门汀号"月球飞行器传回的数据结果暗示月球表面可能有冰存在,这也再次勾起天文学家对这个问题的极大热情。之后,科学家就一直苦苦寻求月球表面有冰的证据。2019年,一支由夏威夷大学牵头的科学团队重新分析了2008年NASA发射到月球并成功返回的月球矿物制图仪的数据,首次找到了月球极地存在冰冻水的直接证据,并借助2009年月球复兴号卫星(LRO)收集来的数据证实判断的可靠性。

半个多世纪以来,科学家研究过月壤样品,还采用雷达、中子谱仪、光谱仪等探测设备从月球轨道进行遥感探测,数次发现月球上"水"的踪迹。唯独没有在"月表原位"(月球表面)近距离探测到水的信号。

2022年1月,我国嫦娥五号首次获得月表原位探测数据,中国科学院林红磊团队进行数据分析得出,嫦娥五号采样区的水含量在 120×10^{-6} 以下,而岩石中的水含量约为 180×10^{-6},相当于1吨月壤中大约含有120克水,1吨岩石中大约含有180克水。研究表明,月壤中的水绝大部分来自太阳风,原始月壤中氢的含量极低,且大量的氧存在于月球矿物中,这不利于直接形成水。但是太阳风中主要是氢,当这些氢注入月壤中时,就可能与月球矿物中的氧结合形成水或羟基。另外还有一种可能,就是彗星带来了水。彗星中含有大量的水冰,当其撞击月面后,绝大部分水冰都蒸发逃逸了,但还有一部分可能混入月壤中保存了下来。当然也不排除原始月壤中就含有部分水,只不过含量极低。而岩石比月壤多出来的水,可能是月球内部的水。

水是生命之源,如果人类有朝一日决定建造月球基地,进一步开发太空,月球表面有水将会大有用武之地。

2.4 月食和日食

月食又称月蚀,是一种当月球运行进入地球的阴影(阴影又分本影和半影两部分)时,原本可被太阳光照亮的部分,有部分或全部不能被直射阳光照亮,使位于地球的观测者无法看到普通月相的天文现象。

如图 2.4 所示,从地球上看,地球弯曲边缘的阴影开始切过满月的表面并慢慢蚕食月面。大多数时候,太阳、地球和月球的排列并非完全为一条直线,因此,地球阴影并不能完全覆盖住月球,这时发生的现象叫月偏食。整个月面偶尔会被完全遮挡,则发生月全食。月全食持续的时间和月球在地球阴影里穿行所需的时间一样长——不超过100分钟。在这段时间内,月球通常会呈现出诡异的红色——这是由于少量的太阳光被地球大气红化后折射到月球表面上所形成的(同样的原因也会造成日落时呈现出同样的颜色),因此,地球的阴影并不是完全黑暗的。

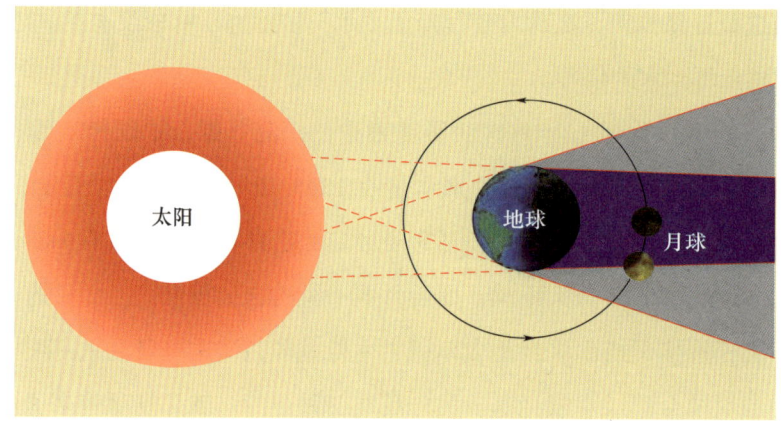

图 2.4　月食原理图（绘图：贾鹏）

月球运动到太阳和地球中间，如果三者正好处在一条直线，月球就会挡住太阳射向地球的光，月球身后的黑影正好落到地球上，这时发生日食（又称日蚀）现象。原理如图 2.5 所示。

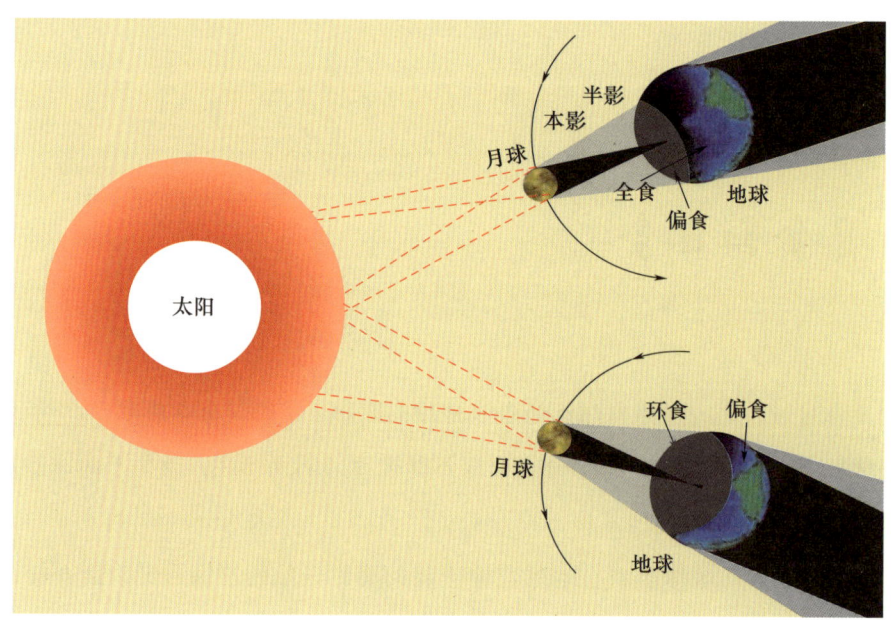

图 2.5　日食原理图（绘图：贾鹏）

日全食时，地球、月球、太阳三者完美对齐，由于太阳光几乎被完全遮住，使大行星和一些恒星在白天也能被看到。同时，我们也能看到太阳幽灵般的外层大气，即日冕。不过，不像月食能够同时被地球处在夜晚那一侧的所有地方看到，地球处在白天的一侧仅有小部分范围能看到日全食，而且在地球上任意指定地点上的持续时间不会超过 7.5 分钟。由于月球环绕地球运动的轨道不完全是圆形的，在日食发生时，月球可能距离地球很远，以至于月面不能将日面完全遮盖，即使此时它们的中心几乎连成一线，也仍然会有一个细细的环绕月球的太阳光环被看见。这样的现象被称为日环食，在所有已发生的日食中，约有一半是日环食。

如果月球的路径稍微"偏离中心"，仅会有部分太阳表面被遮挡，则会看到日偏食，离阴影中心越远，太阳被遮盖的部分会越少。

2.5 潮汐力引发的有趣现象

对沿海地区的人来说，每天都会有涨潮、落潮，潮汐是常见的现象。是什么原因导致了潮汐？

任何两个物体之间都存在引力，引力的强度依赖于两个物体之间的距离和它们的质量。潮汐力源于引力源对一个物体产生引力作用时，由于物体的不同部分离引力源距离不同，受到的引力也不同。比如我们站在地面上时，头部受地球的引力是小于脚受到的引力的，但因为我们的身高并不大，而且地球的引力也不是特别大，所以地球的潮汐力在我们身体上体现的效果微乎其微。但是如果碰到像《流浪地球》电影里描述的，地球被木星引力捕获正在向木星落下时，由于地球的直径太大，而且木星这个引力源又非常大，所以地球靠近木星的地方和远离木星的地方受到的引力差异很明显。当地球越来越靠近木星时，一旦引力差引起的潮汐力大于地球自身可承受的力量极限时，地球将无可避免地被撕碎。

月球和太阳都对我们的星球产生潮汐力，潮汐是月球和太阳对地球影响的直接结果。因此，存在两个潮汐，一个指向太阳，另一个指向月亮。太阳的质量是月球质量的 2700 倍，但因为比月球远 375 倍（潮汐力与距离的三次方成反比），致使它的潮汐影响是月球的一半。也就是说它们共同决定了一个月和一年中潮汐的高度，但地球所受的潮汐力主要来自月球。这种潮汐力引发了不少有意思的现象。

2.5.1 海水的潮汐现象

对地球而言，面向月球一侧所受月球引力较大，而另一侧所受引力较小，这会产生明显的潮汐隆起效果，我们体验到的每日的潮汐是地球在这种变形下旋转的结果。地球上海洋发生的变形最大,因为液体在地球表面是最容易移动的(地球的固体物质实际上也凸出来了,但它比海洋凸出的幅度小(约为1/100)。

前面提到,月球和太阳都会对地球产生潮汐力,因此,它们之间的相互作用共同决定了一个月和一年中潮汐的高度。当地球、月球、太阳大致排成一条直线时,引力作用相互加强,即新月和满月时,迎来最高的潮,称为大潮;当地球与月球连线垂直于地球与太阳连线,即上弦月和下弦月时,潮汐是最小的,被称为小潮。印度恒河潮、巴西亚马孙潮与中国钱塘潮并称为世界三大涌潮,景象令人叹为观止。

浙江杭州钱塘江,农历每月初与月中皆有大潮可观,尤其在中秋佳节前后,涌潮最大,潮头可达数米,距杭州50千米的海宁盐官镇是观潮最佳处,彼时,八方宾客蜂拥而至,争睹钱塘江大潮的奇观。"钱塘一望浪波连,顷刻狂澜横眼前""怒声汹汹势悠悠,罗刹江边地欲浮""乍起闷雷疑作雨,忽看倒海欲浮山。万人退却如兵溃,浊浪高于阅景坛"等诗句更是形象地描述了钱塘江大潮的壮观景象。图2.6为钱塘江大潮实景。

图2.6 钱塘江大潮实景(图源:昵图网)

钱塘江大潮的成因是什么?由于此时太阳、月球、地球几乎在一条直线上,海水受到的潮汐力最大。此外,与钱塘江口状似喇叭形有关。钱塘江南岸赭山以东近50万亩(1亩=666.67平方米)围垦大地像半岛一样挡住江口,使钱塘江赭山至外12千米段酷似肚大口小的瓶子,潮水易进难退,杭州湾外口宽达100千米,到外十二工段仅宽几千米,江口东段河床又突然抬升，滩高水浅，当大量潮水从钱塘江口涌进来时，由于江面迅速缩小，潮水来不及均匀上升，就只好后浪推前浪，层层相叠。加上钱塘江水下多沉沙，对潮流起阻挡和摩擦作用，使潮水前坡变陡，速度减缓，从而形成后浪赶前浪，一浪叠一浪涌。沿海一带常刮东南风，风向与潮水方向大体一致，助长了潮势，使潮汐形成汹涌的浪涛，犹如万马奔腾，遇到澉浦附近河床沙坎受阻，浪潮掀起3~5米高，潮差竟达9~10米，确有"滔天浊浪排空来，翻江倒海山可摧"之势。就是说，天时、地势、风势共同造就了钱塘江大潮奇观。

2.5.2 月球自转和公转时间分秒不差

太阳系内有几十颗卫星的自转和公转时间一样，月球也是如此，其自转一周和绕地球公转一周的时间一样，分秒不差，原因就在于"潮汐锁定"。

虽然月球是个球体，但因为地球对月球的潮汐力影响，月球各个点受到的万有引力不同，导致月球面向地球的一面会稍稍凸起，所以质心随着朝地球的方向靠近。在地月系统刚形成时，月球的自转速度要比现在快很多，因此月球受到的地球潮汐力影响也在不停改变，导致月球内部岩石的互相位移、摩擦，这种岩石的运动会因角动量守恒而减小月球自转的速度。于是月球的自转速度一直在减小，直到当自转时间和公转时间一样时，也就是月球的一面永远面对地球时，各个点受力不再变动，内部不再产生摩擦。这就是"潮汐锁定"，就像地球用一根名为"引力"的绳子把月球捆住转圈。

为什么地球没有被月球或者太阳潮汐锁定呢？这是因为月球或者太阳对地球的潮汐力太小，不足以让地球快速达到潮汐锁定的程度。

2.5.3 地球自转变慢

化石测量揭示地球的自转速度在逐渐减慢：每过1个世纪，1天的长度会增加约1.5毫秒。你可能觉得这不算什么，但经过数百万年，地球的这种稳定的自转减慢会累加到可观程度。算算看，照此速度，5亿年前，1天只有22小时多一点，而1年要有397天。而现在地球自转周期是24小时，但在45亿年前，地球的自转速度可能非常快，只需要8小时就会自转一周。

为什么地球的自转会变慢？"当事人"是月球。前面说的地球对月球的潮汐力降低了月球的自转速度，从而使月球被地球"潮汐锁定"了。同样，月球对地球的潮汐力会对地球的自转速度造成一定的影响。但是因为地球"个子"大、质量大，月球对地球的潮汐力影响非常小。月球不仅在逐渐减缓地球的自转速度，而且这个过程将一直持续下去，直到地球自转速度与月球绕地球的公转速度完全相同，到那时，月球将总是位于地球上同一地点的上空，地球自转周期会变成现在的47倍。然而，这可能需要长达数万亿年的时间才会发生。到那时，太阳可能已经毁灭。

当然，太阳也在对地球做着潮汐锁定的动作，不过效果非常不明显，日积月累后，虽然地球的自转速度会不停地下降，但是在太阳的存在期里还无法达到潮汐锁定的状态。

2.5.4　月球在不停地远离地球

天文测量发现，月球现在正以每年约3.8厘米的速度远离地球。当然，这还是由地月的潮汐力造成的。前面说的月球和地球的自转速度都在不停地降低，因为角动量的关系，地月间的距离会因此而不停地增加。虽然增加幅度不大，每年约3.8厘米，但是日积月累后，距离变化是非常明显的。科学家预测，6亿年后，地月间的平均距离会在38.4万千米的基础上再增加2.35万千米，也就是从38.4万千米达到近40.75千米。到那时，地球上就再也看不到"日全食"了。

如果没有了月球，地球的自转轴倾角会受到影响，这样地球的气候也会随之发生改变，极有可能不再适合生物的生存。没有了月亮，地球的夜晚肯定会变得更加黑暗。月球的消失也会改变地球昼夜分明以及四季更替的规律。

2.6　月球探索

月球作为地球唯一的天然卫星，是距离地球最近的天体，也是唯一一颗人类已经登陆的地外星球。

古代的天文学家很早就开始观测、研究月亮。1609年，伽利略首次用天文望远镜观测月亮，使人类对月球正面的地形开始有详细的了解。1961年，当人类正式进入太空开始深空探测之旅，月球便成为首站。苏联的 Luna 计划和美国的阿波罗计划引领的第一次探月高潮，采回了约 382 千克样品，使人类得以近距离和全方位认识月球。当前正处于全球探月的第二次高潮期。

2.6.1 人类为什么要到月球去

月球上一片荒凉，环境恶劣，没有水、没有空气，昼夜温差极大。自美国"阿波罗计划"开始，人类却不断尝试、探索登上月球，这是为什么呢？

首先，月球上特有的矿产资源和能源是对地球上矿产资源的补充和储备，将对人类社会的可持续发展产生深远的影响。月壤中含有大量通过太阳风吹来的 ^{3}He，它是安全、清洁又高效的核聚变发电燃料，可以为核聚变发电提供低成本、无毒和无放射性的能源，被科学界称作"完美能源"。据估算，全世界一年的总发电量只需消耗约 100 吨 ^{3}He，而月壤中的 ^{3}He 含量可满足长达万年的地球能源需求。因此，月球也被誉为 21 世纪的"波斯湾"。

其次，月球没有大气和天气变化，太阳光可直接照射在其表面，这也更加利于太阳能的高效利用。日本科学家曾做出设想，在围绕月球 1.1 万千米长的赤道建一条 400 千米宽的太阳能发电带，它将产生 13 万亿千瓦太阳能，并且连续不断地将电能转化为微波束和激光束传回地球，最终再由地面发电站将其重新转换为电能。另外，如果在月球上建天文台，可以让我们看得更远、更清楚，对深空了解更多。

最后，月球的引力很小，如果建设外太空发射场，成本会比地球低很多，所以月球基地可以作为人类深空探测转运站。月球在绕地球公转，所以月球可以被看成一个巨大的绕地轨道"空间站"，一个地球引力之外的天然卫星，在人类探索宇宙时，可利用月球的原材料为星际探索提供助力。有学者说：月球是人们去火星最好的转运站，在地球发射火箭需要抵抗地球引力，而月球的引力仅为地球的 1/6，如果发射同样的火箭，在地球上需要搭载 6 吨燃料，在月亮上仅用 1 吨。如果从月球出发探测火星等地，把月球当作转运站，更加省时省力。

2.6.2 阿波罗登月是真的吗

1969 年 7 月 20 日，美国宇航员阿姆斯特朗走出阿波罗 11 号飞船登月舱，迈出人类在月球上的第一步，这是人类探索宇宙道路上最闪亮的时刻。也因这一刻，7 月 20 日成为"人类月球日"。"阿波罗 11 号"在月球上停留 21 小时 36 分钟。

美国的"阿波罗11号"登月已过去50余年,但质疑美国宇航局制造登月"惊天骗局"的声音从来没有消失。在质疑的声音中比较常见的观点有四个:第一,宇航员把美国国旗插在月球上时,国旗迎风招展,在真空的月球表面,怎么可能?第二,所有照片中,漆黑的夜空,为什么看不到一颗星星?第三,月球上只有一个来自太阳的光源,只可能有一个投影,为什么有时候能看到宇航员有两个影子?第四,月球无水的土壤怎么可能这么清晰地保存宇航员的足印?

有学者表示,对于阿波罗登月的真实性,学界已基本形成共识,科学的解释是:第一,当宇航员把旗帜插上月球表面时,由于自身重心不稳带动旗帜晃动,而月球上不像地球一样有空气阻力,所以晃动会持续很长时间,那面国旗不是在飘动,实际上是在晃动。第二,当时的照片都是用胶卷拍摄的,在月球温度超过100℃的白天,用胶卷拍摄的照片中,受制于胶卷感光的性能,作为背景的漆黑天空中是不可能看到星星的。第三,重影问题是由着陆器造成的,金属材料制成的着陆器拥有多个折射面,从不同角度反射了太阳光,由此造成重影。第四,由于月球上没有大气、水流等地球上常见的风化作用,所有的月球表面粉尘都是月岩在热胀冷缩的作用下形成的,最细小的粉末完全是岩石晶体的自然形状,粗糙的粉末结构表面结构松散,其实很容易留下特别清晰的脚印,所以,这些脚印甚至可以完好地保存上百年。

2.6.3 嫦娥奔月——中国探月工程

地球是人类起源和成长的家园,自古以来,人类就对地球之外的太空充满遐想,对"陪伴"我们的月球更是如此。对有着悠久文化历史的中华民族,"嫦娥奔月"的美丽传说无人不知。2004年,经过近10年的酝酿,中国探测工程成功立项,它有个浪漫的名字——"嫦娥工程"。中国探月工程包括"绕、落、回"三大目标,分"无人月球探测""载人登月"和"建立月球基地"三个阶段进行。目前,嫦娥一号和二号完成了"绕",嫦娥三号和四号实现了"落"和"巡",嫦娥五号圆满完成月球采样返回任务,我国探月工程三步走发展战略圆满实现。

2008年11月12日,人类首次包含月球南北两极的高清全月图由嫦娥一号震撼发布。2013年,玉兔一号月球车实现了中国首次月球软着陆和巡视探测。2019年嫦娥四号成功踏足月球背面。2020年12月17日,经过23天太空之旅后,嫦娥五号返回器携带1731克月壤样品成功着陆,为人类完整还原月球历史,进而真正全面认识月球,认识地月系统,甚至认识整个太阳系提供研究样本。完成任务后于 2011 年 6 月 9 日飞离月球的嫦娥二号，目前一直保持面向太阳，监测太阳的活动，将于 2029 年回到地球附近。

嫦娥工程是我国继人造地球卫星、载人航天飞行取得成功后，航天事业发展的又一座里程碑，无数科技人员凝心聚力，形成了"追逐梦想、勇于探索、协同攻坚、合作共赢"的探月精神。面对中国取得的成绩，NASA 一位专家也不得不万分感叹地说："我们再也不能说中国人只会跟着干了。"

2.7 月球的起源之谜

月亮究竟是如何诞生的？自古以来，关于月亮的诞生就存在很多说法。

"姐妹理论"或"同源说"

该理论认为月亮是地球的姐妹或兄弟行星，是和地球一起形成的。即月球的形成与地球的形成方式大致相同，原始"碎片"合并在一起并最终形成地球，也大致在同一时间一些"碎片"在地球附近形成了一个单独的天体——月球，因而这两个天体形成一个双行星系统，每个都绕它们共同的质量中心旋转。这种假说虽然曾经被许多天文学家认同，却存在一个重大缺陷：月球与地球在密度和组成成分方面都不同，因此很难说明它们起源于同一行星前物质。

"捕获理论"或"捕获说"

该理论认为月亮原本是一个偶然间飞过地球附近的小天体，被地球的引力捕获后开始环绕地球运动。按照这种理论，月球在远离地球的区域形成，后来被地球捕获。因此，这两个天体的密度和成分不必相似，因为月球可能在早期太阳系的另一个完全不同的区域形成。反对这一理论的天文学家认为，捕获月球是一个非常困难的事件，甚至完全不可能。因为月球的质量相对地球而言如此之大。数学模型表明，地球和月球在过去的某个时候以恰当的方式近距离接触，导致地球将月球捕获是令人难以置信的。此外，地球和月球在成分上虽然有显著差异，但也有许多相似之处（尤其是两者的"幔"），所以它们不可能是完全彼此独立形成的。

"女儿理论"或"分裂说"

一种更古老的理论推测月球起源于地球本身。太平洋盆地通常被认为是前月球物质撕裂出去的地方——也许一团年轻的、飞速旋转的、熔融的地球物质被甩了出去。事实上，月球的外月幔和地球的太平洋盆地的一些物质在化学上的确有相似之处。然而，这种理论并没有解决最根本的问题：地球有没有可能以如此之快的速度自转，以至于甩出一个月球那么大的物体。此外，计算机模拟表明，将月球弹射到一个稳定的轨道的情况根本就不会发生。因此，这种形式的"女儿理论"不被人认真对待。

撞击理论或撞击说

许多天文学家更认同"捕获理论"和"女儿理论"的混合体——通常被称为"撞击理论"或"撞击说"。这种理论假设一个较大的、火星大小的天体，与足够年轻的、熔融状态的地球相撞（这种撞击在太阳系早期可能相当频繁）。碰撞比正面撞击要斜一些，也就是说是侧着撞的，这会导致地球的物质脱落，然后重新汇聚，形成月球。对这样一个灾难性事件的计算机模拟表明，大部分散落的地球碎片，可以合并在一个稳定的轨道。如果在地球已经形成铁芯的时候发生碰撞，那么月球的确会有类似地球地幔的物质组成。在碰撞过程中，碰撞天体本身如果有铁芯的话，就会遗留在地球上，最终成为地球核心的一部分。因此，无论是月球与地球的整体相似度，还是月球缺乏一个致密的核心，都可以被这一理论很自然地解释。

人类为了解月球起源进行着不懈的探索，一代又一代无人和载人登月探测器的详细数据让天文学家能够区分相互矛盾的月球形成理论，并不断完善。在月球探测时，人们也在不断寻找月球起源的证据。自1959年苏联的"月球2号"撞击月球之后，美国和俄罗斯向月球发射了无数的无人探月器。美国在20世纪60至70年代实施的载人航天阿波罗计划，带回了许多月球上的石块。科学家对这些石块进行的分析表明，月球表面的成分和地球地幔的组成成分十分相近。也就是说，在太阳系形成之初，一个火星大小（质量约为地球质量的 1/10）的天体撞击了地球，破坏了地球表层，四散的撞击碎片迅速集合起来，最终形成了月球。最近，人们还推测出，火星的两颗卫星可能也是因为超级碰撞事件而形成的。在 2020 年 12 月对月球开展快速探测之后，中国的嫦娥五号任务成功携带新鲜月球岩石和月球土壤样本返回地球，这次采集的样本来自之前尚未取样过的火山位置，可能帮助人类了解月球的演变以及太阳系的历史。

直到今天，人们都没能完全解开月亮诞生的秘密。即使得到科学家认可的撞击理论也远不够完善，不足以解释月球的物理和化学组成的一些重要方面。例如，月球在其形成时处于何种程度的熔融状态，月球形成的细节等。然而，过去的科学方法的经验为我们提供了信心，新技术、新方法最终会让我们更完整地了解太空中最近的邻居——月球。

你想不想去月球上看一看呢？

思考题

1. 用你手边的物品，比如小灯泡、透明小球、纸板等做一个模拟月亮圆缺的模型。
2. 为什么月球上的脚印能保存几百年？
3. 要到月球上去，需要做哪些准备？

3 漫游太阳系

3 漫游太阳系

仰望夜空,你是不是时常被明亮的月球、闪烁的繁星以及划过天际的流星所震撼?如今,借助探测器和望远镜,天文学家已经发现了围绕遥远恒星运行的世界,而我们对行星、卫星和生命的最深入了解却始终来自一个地方——太阳系(图3.1)。太阳系提供了唯一已知的宜居行星和唯一我们可以近距离观察的恒星,也是我们可以用太空探测器访问的唯一世界。

图 3.1 太阳系(图源:摄图网)

晴朗的夜空中,我们用眼睛可以直接看到月亮、恒星和太阳系的水星、金星、火星、木星、土星五大行星,还有既不是恒星也不是行星的其他天体,比如拖着长尾巴的彗星,发出缕缕光线,数周后慢慢消失;突然闪现在夜空中一划而过的流星等。这些都早已为古代天文学家所熟悉,在望远镜的发明使更详细的观测成为可能后,人类对于太阳系的基本认识也发生了根本改变,天文学家开始发现越来越多的人类肉眼不可见的天体。

太阳系的范围是由太阳风(由太阳磁场驱动的粒子)和引力影响来定义的。日球层顶是太阳系在星系中移动时太阳风粒子与星际气体碰撞时形成的边界。但引力边缘要远得多,由奥尔特云(最大半径差不多1光年)定义。奥尔特云是太阳系形成时遗留下来的冰碎片晕,是许多彗星的起源。按照目前的观测,太阳系已知含有1颗恒星(太阳),八大行星,数十颗矮行星[其中被正式确认并由国际天文学联合会(IAU)命名的矮行星有5颗,分别为谷神星、冥王星、阋神星、鸟神星和妊神星,其他待确认或待命名],数百颗环绕这些行星的卫星，数以万计更小的小行星和柯伊伯带天体（直径大于 300 千米小行星柯伊伯带天体超过 100 个），大量的直径达数千米的彗星，无数直径不到 100 米的流星体，以及其他小的岩石和冰体等。

3.1 太阳系唯一的恒星——太阳

太阳是恒星，是驱动地球天气、气候和生命的主要能量来源。虽然我们日复一日地认为这是理所当然的，但在宇宙万物中，太阳对我们来说是不可或缺的。想象一下没有太阳的地球会是什么样？天空中没有光、没有热量。简单地说，如果没有太阳，我们将不会存在。

正处于生命周期青壮年的太阳——一颗中等质量的黄色恒星，是太阳系光和能量的源泉，也是太阳系中最庞大的天体。它是太阳系的心脏，仅其自身的质量就已经占据太阳系总质量的 99.86%。作为整个太阳系的质量中心，太阳更是以自己强大的引力将太阳系里的所有天体牢牢控制在其周围，使它们不离不散，并井然有序地绕自己旋转。同时，太阳作为一颗普通的恒星，带领它的成员，不停地绕银河系的中心进行运动。

就自身而言，太阳内核中看似会产生无限的能量，大气中更是存在令人惊叹的复杂活动。研究地球为我们探索太阳系做好了准备，而审视太阳，将为下一步的宇宙探索打好基础。

3.1.1 太阳的整体性质

太阳的大，绝对超出你的想象，虽然站在地球上看太阳似乎只有一个盘子大小，但实际上它大到离谱。科学家根据太阳的轨道运行和速度计算得出，太阳的半径大约 69.63 万千米，换个参照物想象，将 109 个地球排列在一起，才能够达到它的直径大小。不仅如此，太阳的质量也非常大，约 $1.9891×10^{30}$ 千克，大约为地球的 33 万倍。太阳的平均密度约为 1409 千克/立方米，约是地球平均密度的 1/4。而太阳的表面温度约为 5500℃，远高于任何我们已知物质的熔点。

通过测量太阳黑子和其他表面特征在日面上横穿的时间，天文学家估算出太阳的自转周期约为一个月。太阳并不是一颗固态天体，它是个大气体球，有着较差自转（赤道地区自转较快而两极自转慢），如同木星和土星一样。

除了上面提到的尺寸、质量、密度、温度和自转速度，对于太阳这样的恒星还有一个重要性质——光度，指太阳向太空各向同性地辐射出大量的能量，对地球上所有生命来说它可能是最为重要的属性。每平方米的表面每秒钟所接收到的太阳能称为太阳常数，大小约为每平方米1400瓦特（W/m^2）。来自太阳的能量有50%~70%到达地球表面；剩下的被大气截获（30%）或者被云层反射（20%~0%）。据此，你可以算出，在晴朗的日子里，一个日光浴者（总表面积约为0.5平方米）接收太阳能的速率约为1400×0.70×0.5=490（瓦），相当于一个小型电取暖器或约5个100瓦的灯泡的输出。

想象一个以太阳为中心、表面正好穿过地球中心的三维球体，半径为1个天文单位（符号AU，距离单位，1AU相当于1个日地距离，约1.5亿千米），那么它的表面积为$4\pi \times (1)^2$，再乘以太阳常数，就可以得到太阳表面发出能量的总速率。

太阳是巨大的能量来源，每1秒钟产生的能量相当于100亿颗100万吨级的原子弹爆炸所发出的能量。这意味着太阳6秒钟内发出的能量大小，如果聚焦正确的话，可以让地球上所有的海洋蒸发；3分钟内发出的能量可以融化地球的地壳。

太阳的结构又是什么样的呢？太阳是个气体球，不含固体物质，从内往外由核心、辐射层、对流层、光球层、色球层、日冕层构成，如图3.2所示。

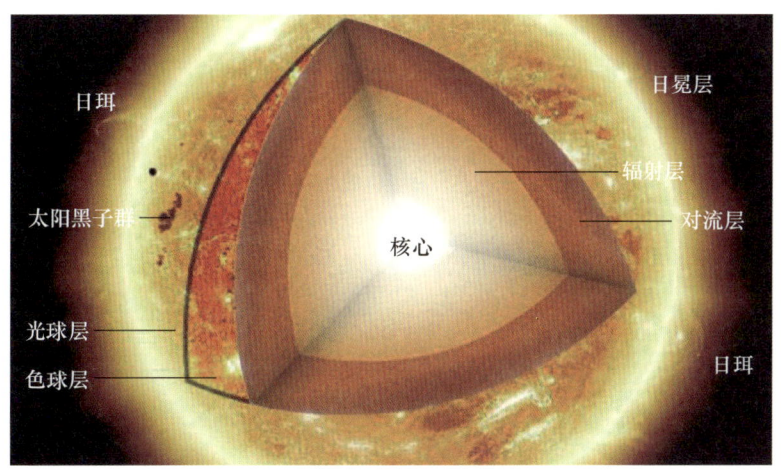

图3.2 太阳结构（绘图：贾鹏）

用肉眼观察（符合条件时）或通过有效滤光的望远镜观察，太阳表面是某种明亮气体球的一部分，这种"表面"（作为太阳的一部分）发出我们可见的辐射，被称为光球层。光球层的厚度可能不会超过 500 千米，不到太阳半径的 0.1%，这正是太阳有着明确的锐利边缘的原因。

在光球层之上是太阳的低层大气，即色球层，约有几千米厚。光球层之上是个高度动态的区域，其厚度会随时间和空间迅速变化，称为"过渡区"。过渡区再往上，是稀薄的、炽热的上层大气，称为日冕层。它是太阳大气的最外层。在更遥远的地方，日冕转化为太阳风，远离太阳并深入整个太阳系。

光球层向下延伸约 2 万千米是对流层，对流层之下是辐射区。太阳辐射区和对流区一般统称为太阳内部。再往中心是太阳的核——剧烈的核反应区域，这里生成太阳所输出的巨大能量，通过辐射被传输到表面，而不是通过对流。

3.1.2　不平静的太阳

太阳是地球上光和热的源泉，但它远不是你看到的那样平静。太阳内部存在强大磁场，约每 11 年变化一次。由于受到磁场的强烈影响，太阳活动并非永远处于同一状态，可分为剧烈时期和平静时期。就像模型飞机螺旋桨上扭转的橡皮筋一样，太阳内部的磁场也会因为自转而扭曲。磁场扭曲达到最大时就是太阳活动最为剧烈的时期，而当扭曲消除后回到正常状态时，就是太阳活动较为平静时期。

太阳黑子与太阳活动周期

太阳无时无刻不在变化，并且有多种活动方式，有规律性的、也有突发性的。天上的卫星、地面的台站，数不清的仪器在监测着太阳，人们可以借此预测不同太阳活动变化对地球空间的影响及程度，这就是针对太阳的"天气预报"。

那太阳"天气"的决定因素是什么？关键看黑子。

从太阳的光学照片（图 3.3）可以清楚地看到其表面有无数黑暗的"斑点"，我们称为太阳黑子。研究表明，太阳黑子其实不"黑"，它是由炽热气体组成的，看起来呈现黑色仅是因为恰好出现在相对较亮的背景上。如果能将太阳黑子从太阳上移走（或者只是遮挡住太阳辐射的其他部分），那么黑子就会变得明亮，就像其他任意一个温度约为 5000℃ 的炽热物体那样。

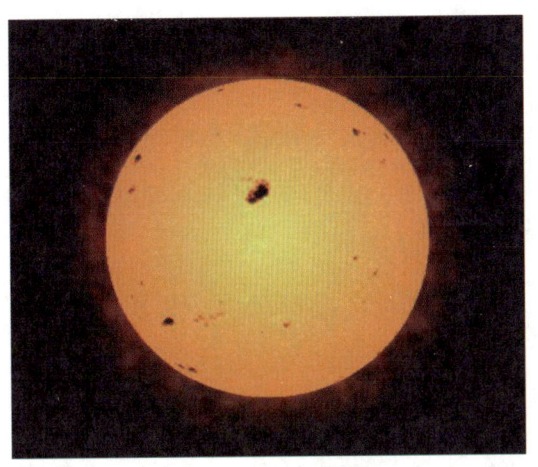

图 3.3　太阳的光学照片（图源：摄图网）

太阳黑子是人们最早观测到的太阳活动现象。大约在 1612 年，伽利略就持续观测了数月，对它们进行了详细的研究。1843 年，德国天文爱好者施瓦布通过日常观测发现太阳黑子并不稳定，太阳黑子数量的多少存在 11 年左右的活动周期。之后，随着观测数据的增加，这一规律不断被证实，并且人们发现黑子数量的多少与这个时期的太阳活跃程度相对应。于是，太阳黑子数量的这种规律变化成为人们判定太阳活动周期的标志，黑子数量的高峰年被称为太阳活动极大年，黑子数最少年被称为太阳活动极小年，两极小年之间定为一个太阳活动周期。

黑子数是最典型、最具代表的一种太阳活动参数，人们对太阳活动周期的预测主要体现在对太阳黑子数的预测。通过对一个活动周期内太阳黑子数的预测，天文学家就可以判断未来一个太阳活动周期的整体趋势，哪个阶段太阳会比较平静，什么时候会达到太阳活动极大年，极大年水平会有多高，太阳风暴发生的强度和概率有多大等。

最近几年，地球出现了集中性暴雨、龙卷风、近海台风等极端天气，而且冰川融化、厄尔尼诺现象（又称厄尔尼诺海流，是秘鲁、厄瓜多尔一带的渔民用以称呼一种异常气候现象的名词，主要指太平洋东部和中部的热带海洋的海水温度异常，持续变暖，使整个世界气候模式发生变化，造成一些地区干旱，而另一些地区又降雨量过多。这一现象往往会持续几个月甚至 1 年以上，影响范围极广）等地球气候异变现象也十分引人关注。

受太阳磁场影响，太阳黑子也是按照大约 11 年周期消长变化的。如果将黑子的消长和地球平均气温进行比较就会发现：在黑子增加的"活跃期"地球较为温暖，而在"不活跃期"则较为寒冷。其中的根本原因是什么目前尚无定论，这是天文学上的一个未解之谜。

日珥和太阳耀斑

太阳光主要来自光球层的连续发射。然而,叠加在这种稳定的、可预测的恒星能量输出之上的,还有更加不规则的成分,极具爆发性和不可预测性,并且严重影响了地球上的我们。

一对或一群太阳黑子附近的光球层表面可能是发生狂暴的地方(被称为活动区域),有时爆发性地喷发,喷出大量的高能粒子进入日冕。与其他所有太阳活动一样,这些现象往往会随太阳活动的周期而变化。

在日全食时,我们会看到太阳的周围镶着一个红色的环圈,上面跳动着鲜红的火舌,这种火舌状物体被称为日珥,是太阳活动的标志之一。

宁静日珥会持续数天甚至数周,由太阳磁场支撑着盘旋在光球层之上。活动日珥则来去都很不规律,其外观在几小时内会发生改变,或者从太阳色球层如海浪般地涌起,然后马上落到光球层。日珥比太阳圆面暗得多,在一般情况下被日晕(地球大气所散射的太阳光)淹没,不能直接看到,必须使用太阳分光仪、太阳单色光观测镜等仪器,或者在日全食时才能观测到。强烈的日珥出现时,太阳大气层的色球酷似燃烧着的草原,玫瑰红色的舌状气体如烈火升腾,形状千姿百态,有的如浮云,有的似拱桥,有的像喷泉,而整体看来它们的形状恰似贴附在太阳边缘的"耳环",由此得名为"日珥"[图3.4(a)]。

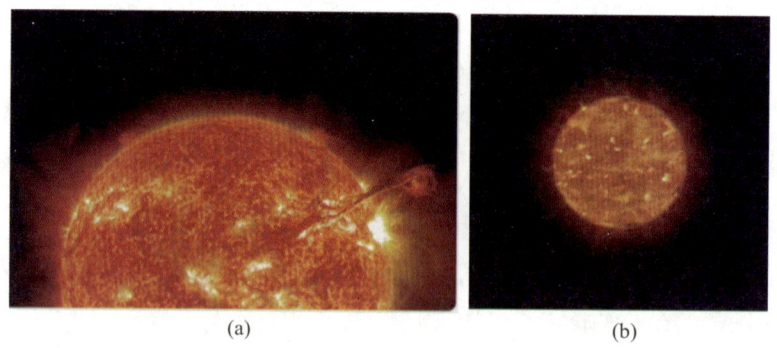

图 3.4 日珥和太阳耀斑(图源:摄图网)

日珥的数目和面积都与11年的太阳活动周期有关,随黑子相对数量而变化,但变化幅度没有黑子相对数量那样多。典型的日珥是非常奇特的太阳活动现象,其温度在 4726~7726℃。最大的日珥可以释放出高达 10^{25} 焦耳(能量单位)的能量,地球上的所有发电厂需要十亿年的时间才能生产出这么多能量。

日珥有时会突然发生爆发，并以日冕物质抛射的形式把炽热气体喷入太阳系。当日冕物质抛射冲撞地球及其磁层时，有时会触发明亮的极光。虽然日珥和太阳多变的磁场有必然联系，但日珥到底如何形成和维持，其能量机制仍然是科学研究的课题。太阳黑子群内部和附近强磁场中的磁不稳定性可能是导致日珥发生的原因，但具体细节仍未完全被了解。

图3.4（b）展示的太阳耀斑是活动区域附近的低层太阳大气中观测到的另一种太阳活动类型，也源自磁场的不稳定性，甚至比日珥更加剧烈。它们经常于几分钟内在太阳的某个区域一闪而过，同时释放出巨大的能量。

这些激变的爆发能量巨大，以至于一些研究者把日珥比作太阳大气低层区域内的"核弹"爆发。一个主要的耀斑释放出的能量与最大的日珥相当，但释放的时间只不过是几分钟或几小时，而不是几天或几周。与气体构成日珥的独特环状特征不同，耀斑产生的粒子能量如此充沛，以至于太阳磁场也不能控制并引导它们回到太阳表面。相反，在爆发的剧烈作用下，粒子只是简单地冲向太空。耀斑被认为与大多数的内部压力波有关，是它们引起了太阳表面的振荡。

活跃期受磁场扭曲的影响，伴随着大量黑子，"耀斑"会频繁发生。当太阳磁场扭曲程度达到极限后，能量会向太阳外部猛烈喷射，就像橡皮筋绷断的瞬间一样。耀斑出现后，太阳的大气层会迅速变得明亮，日冕能够达到1000万℃的高温。接下来，太阳会释放出强烈的电磁波，同时，太阳风也会变得活跃起来。耀斑释放的强烈X射线抵达地球后会扰乱地球磁层，引发短波通信障碍。活跃的太阳风还会引发极光暴、太阳磁暴。

过去曾发生过大规模耀斑引发太阳磁暴，导致电线被破坏，造成大范围停电的事件。虽然太阳耀斑会影响无线电通信、电网和导航信号，但太阳耀斑产生的有害辐射无法穿过地球大气层对地面上的人类产生物理影响。在为防御太阳风袭击地球做好准备的同时，人类也在想办法避免太阳风对国际空间站和人造卫星造成伤害。

神奇的"太阳雨"

在地球上，下雨是再普通不过的了，但你听说过炙热的太阳上也会下雨吗？由于太阳大气的剧烈活动，太阳上会周期性地出现"暴雨倾盆"，但与我们在地球上看到的雨不同，它是由太阳日冕中温度高达几十万摄氏度的等离子体（由阳离子、中性粒子、自由电子等多种粒子所组成，运动规律都受磁场支配）组成，称为"日冕雨"。

"日冕雨"的名字来自人类对一次太阳耀斑的观测。2012年7月19日，太阳日冕层一个中等强度耀斑爆发，科学家对卫星从不同角度观测的结果进行处理加工后，眼前呈现一幅壮丽的景象：耀斑爆发前，日冕中已经有持续的亮斑运动——热等离子体运动；耀斑爆发后，一些亮团不断地从"头盔"状的耀斑顶部沿着弧形曲线向日面掉落，就像我们熟悉的炎热夏季出现的倾盆暴雨！"日冕雨"的名字也因此诞生。

日冕雨又是怎么形成的呢？

有意思的是，日冕雨的形成机制与地球上的降雨非常类似。我们都知道，雨是陆地和海洋表面的水蒸发变成水蒸气，水蒸气上升到一定高度后遇冷变成小水滴，它们形成厚重的积雨云。小水滴在云里互相碰撞合并成大水滴，当重力大到不可抗拒时，就会从空中落下，这就是我们熟悉的下雨。与之相类似，太阳大气在底层被加热之后不断蒸发，部分蒸发的等离子体回落到日面，这样，就形成了"日冕雨"。因特殊的结构特征和观测角度，2012年7月19日爆发的一次日冕雨看起来就像一场"暴雨"。

太阳风暴——太阳打"喷嚏"

被戏称为太阳打"喷嚏"的太阳风暴是太阳活动极大年时发生的神奇现象，是指太阳上的剧烈爆发活动及其在日地空间引发的一系列强烈扰动。它是太阳大气中发生的持续时间短暂、规模巨大的能量释放现象，主要通过增强的电磁辐射、高能带电粒子流和高速等离子体云三种形式释放。太阳风暴分为A、B、C、M和X几个不同的等级，X为最高级，级别后面所带数字越大，代表强度越高。

太阳风暴对人类的活动又会产生什么影响？如同地球上既有和风细雨又有狂风暴雨一样，太阳风也有狂暴的时候。当太阳上有剧烈的爆发活动，如耀斑和日冕物质抛射出现的时候，太阳风会受到剧烈扰动，形成太阳风暴。2022年2月3日，受太阳风暴产生的地磁暴影响，美国太空探索技术公司Space X发射的49颗"星链"卫星中有一部分未能升至预定轨道，最终宣告报废。起因是2022年1月30日太阳活动区AR 12936发生了M1.1级耀斑，随后爆发了日冕物质抛射，引发太阳风暴，进而导致了本次地磁扰动事件。显然，此次太阳只是不经意间打了个小"喷嚏"，之所以对"星链"卫星造成如此强的破坏力，实属偶发因素。

如果太阳风暴的级别够强，比如达到卡林顿级别，那"遭殃"的就不止轨道上的卫星了，它甚至能影响地面长距离输电系统、通信电路等。1989年3月13日加拿大魁北克大规模停电就是由当年3月9日的一次日冕物质抛射所致。1859年的"卡林顿事件"（在短短的

1秒钟内释放出的能量，与平时整个太阳一二十分钟内释放出的总能量相当。太阳北侧的大黑子群内突然出现极其明亮的白光，形成一对明亮的月牙形的情况），太阳风暴级别达到X-28级。如果这一事件发生在今天，估计地球轨道上的所有卫星都无法幸免。

此外，太阳风暴带来的日冕物质抛射事件会产生另一个更严重的威胁——高能带电粒子可能突入低层空间轨道，直接轰击卫星，导致卫星暂时失去联系、失控甚至解体。如日本2016年发射的用于X射线观测的"瞳"卫星，工作不到一个月就因为高能粒子轰击等导致姿态控制电路失控，最终高速滚转解体。

科学家们正在利用基于太空的研究来了解太阳的能量，以减少对人类的影响。科学家们也在尽一切努力保护发电站免受太阳风暴的影响。然而，已知的解决方案都不是最完美的，避免太阳风暴灾难性影响的最好方法是提前预测。除了光辐射增强快速传播到地球外，高能粒子到达地球至少需要数小时，等离子云则需要两三天，所以人类还是可以做一些太阳风暴的预警预报。目前，人类对太阳风暴的预测已有一定能力，深空气候观测台已经在提供关于太阳爆发的时间和速度的关键数据，人类甚至正在开发更好的预警系统。这些都是人类保护地球免受灾难性太阳风暴影响做出的努力。

3.1.3 地球光和热的来源

万物生长靠太阳，太阳对于地球有着非常重要的意义，地球上生命的全部能量大多来源于太阳。生活在地球上的我们如果没有了太阳，就失去了生存所必需的基础条件，例如温度、阳光等，可以说，太阳是地球的生命之源。

白天抬头看天空中的太阳，它是那么炙热和耀眼，太阳为什么可以一直发光发热呢？根据人类的研究，太阳的年龄在46亿岁左右，为什么它可以持续燃烧这么长的时间呢？太阳到底用的是什么"燃料"？

实际上，太阳并不是一个固体星球，更像一个巨大炽热的气体星球，源源不断地向宇宙释放能量，尽管地球仅接收到来自太阳22亿分之一左右的能量，但对我们来说，这已经是取之不尽、用之不竭了。

太阳是个主要成分为氢的气体球。太阳的能量来自其本身氢原子的核聚变；太阳表面平均温度为5500℃左右，中心温度高达1600万℃。就是说，虽然太阳看似在燃烧，实际上却与燃烧没有任何关系。太阳的光和热来自其内部的氢核聚变，而氢核聚变则源于自身引力所产生的巨大压力。

太阳内部符合核聚变的苛刻要求。氢原子想要聚变成氦原子并且在这个过程中释放能量，需要很高的压力和温度才行，而太阳的内核因为引力的存在，恰恰符合核聚变的条件。所以，太阳其实就是大量的氢元素和氦元素在引力的作用下聚集在一起之后形成的一个天然核反应堆，大约每天都会消耗400万吨的物质并转化为能量，这些能量又向宇宙中释放。

如今地球上复杂的生态系统，是依靠太阳提供的热量和紫外线等能量作为基础建设起来的，如果没有太阳，就没有现在这个生机勃勃的地球，更没有人类文明。不过，太阳也不是永恒存在的，特别是太阳本身，正在不断消耗内部的质量。有研究指出，大约每过10亿年，太阳亮度就会增加10%左右，并且太阳的寿命也存在上限，像太阳这样的黄矮星，寿命能达到100亿岁。随着时间的推移，太阳会变得越来越亮、越来越热，最终地球也会变得不再适合人类居住，所以虽然太阳长期给人类提供能量，但我们也不能完全依靠太阳。人类现在最想要实现的技术，就是可控核聚变技术，而可控核聚变还被科学家称为"人造太阳"，因为人类实现可控核聚变技术之后，就相当于拥有了"太阳"，可以长期稳定地提供能源。

对地球来说，太阳是生命之源，我们离不开它，但是太阳的任何变化，都有可能对我们造成巨大的影响，因此，天文学家一直在密切关注太阳。

3.1.4　太阳系秩序井然的原因

与地球相比，太阳系无疑是巨大的。从太阳到海王星轨道以外的柯伊伯带的距离大约是50 AU，超过100万倍地球半径，大约2万倍地球到月球的距离。然而，尽管太阳系非常广阔且天体种类很多，但它们都无法和太阳相比。行星大多位于非常接近太阳的位置（就天文尺度而言），即使是海王星轨道之外的柯伊伯带的直径也仅有1/1000光年（离最近的恒星距离都有几光年）。所有这些行星都在围绕太阳运动。

行星环绕太阳的运动称为公转，行星公转的轨道具有共面性、同向性和近圆性三大特点。所谓共面性，是指太阳系八大行星的公转轨道面几乎在同一平面上（黄道面，与地球赤道面交角为23°26′）；同向性是指它们朝同一方向绕太阳公转；近圆性是指它们的轨道和圆相当接近。

是什么阻止了行星飞向太空或落向太阳？又是什么导致了它们绕着太阳无休止地公转？答案是万有引力。

依据牛顿提出的万有引力，太阳和行星之间的相互吸引形成了行星轨道，因为太阳的质量比任何行星都大得多，因此它主导了这种相互作用，也就是说，这种吸引力不断地把每颗行星向太阳牵拉，使行星的运动方向发生偏转，变成弯曲的轨道，或者说，太阳"控制"了行星。

3.1.5 神秘的中微子

中微子因其特性一直受到天文学家和物理学家关注。它个头小、不带电，可自由穿过地球，质量非常轻（有的小于电子的百万分之一），以接近光速运动，与其他物质的相互作用十分微弱，号称宇宙间的"隐身人"。

研究中微子具有极其重要的意义，因为中微子是除了电磁波之外另一个重要的宇宙信息的载体，在一些电磁波不透明的天体物理环境中，甚至是了解这些天体物理环境和过程的唯一手段。例如，来自太阳核区核链式反应的中微子携带了太阳内部的物理状态的信息，可以用于检测中微子经过长程的物理特性；在宇宙早期，当中微子与光子从物质当中退耦之后留下来的宇宙中微子背景可能是暗物质的候选者，并影响宇宙大尺度结构的形成；在核坍缩超新星爆发过程中，中微子起到主导作用：在超新星过程中产生的中微子驱动的星风可能是产生超重元素的场所，中微子甚至可以直接合成一些稀少的原子核；中微子还可能是解决超新星和γ射线暴爆发的物理本质的关键等。

研究表明，中微子这个神秘粒子主要产生在高温、高密度或者高能的极端天体物理环境或过程中。中微子天文学起源于对太阳中微子的观测，太阳内部的质子-质子链反应是产生太阳中微子的主要机制（大约86%）。人类不能直接对太阳核心进行观测，但中微子是能够被直接探测到的，不过由于它与普通物质相互作用的横截面太小，使探测变得异常困难，相当于"在整个撒哈拉沙漠中寻找一粒沙子"（诺贝尔奖评委会评语）。20世纪60年代，美国物理学家戴维斯和他的合作者在地下放置了一个很大的装满氯乙烯溶液的钢箱，探测到来自太阳核聚变侧链的高能中微子，但结果与标准太阳模型计算的结果存在较大偏差——大约只有理论值的三分之一，这被称为著名的"太阳中微子问题"。20世纪90年代，日本科学家小柴昌俊利用超级神冈探测器精确测量了太阳中微子的流量和能谱，证实太阳中微子损失了约45%。2002年，戴维斯和小柴昌俊因在中微子天文学的开创性贡献获得诺贝尔物理学奖。

天文学家观察到的中微子数量比预计的要少。目前看来这一问题没有早期的试验所表明的那么严峻，它可能被更低的太阳中心温度解释或者被特殊的粒子物理学机制即存在中微子振荡解释。但进一步的数据以及更好的统计结果对解释这一问题仍是非常必要的。

3.1.6　太阳的演化

在约46亿年前，太阳和太阳系之外的其他恒星一起诞生。在诞生之后，恒星们各自开始运动，彼此间越行越远，经过了约46亿年，我们已经无法判断哪些恒星曾经彼此是"兄弟姐妹"了。

太阳差不多是和地球同时诞生的。通过研究坠落到地球的陨石的年龄，以及阿波罗号带回的月球岩石的年龄，可以得知太阳系是在约46亿年前诞生的。和地球不同，太阳这样的恒星主要由氢气构成，并通过氢的核聚变反应发光发热。这就意味着，46亿年前飘浮在宇宙中的氢气聚集成了太阳，在太阳的附近又诞生了行星。

太阳的年龄约为46亿岁。理论上，太阳预计能够持续闪耀到100亿岁左右。按照人类的寿命计算的话，太阳如今大约四十五六岁，正是身强力壮的时候，但并没有确切的证据证明太阳能够永远保持同样的亮度。

大约在50亿年之后，太阳会变为红巨星，那时的太阳预计会膨胀到足以将金星吞并。根据计算，那时的地球会离开如今的轨道，在更加外围的地方绕太阳公转。而那时的地球温度会非常高，各种生物根本无法生存。如果人类那时还生活在地球上，可以预测，世界上的人类都将在大约50亿年后迎来灭绝。但随着科技发展和代代人的努力，也许在那之前，人类已经开辟了第二个太空家园并成功移居。

继红巨星阶段之后，激烈的热脉动将导致太阳外层的气体逃逸，形成行星状星云。在外层被剥离后，唯一留存下来的就是恒星炙热的核心——白矮星，并在数十亿年间逐渐冷却和暗淡。这是低质量与中质量恒星演化的典型。

3.1.7　我国太阳探测计划

国家高分辨率对地观测系统原设计师兼副总指挥，国家航天局对地观测与数据中心主任赵坚说："太阳爆发产生大量带电高能粒子，对地球电磁环境造成严重破坏，其中尤以太阳黑子、耀斑和日冕物质抛射对地球电磁环境影响最为显著。强耀斑和日冕物质抛射等太阳活动干扰通信和导航，威胁航天员健康，甚至毁坏航天器，对太阳活动的观测和研究不仅具有重要的科学意义，更具有巨大的应用价值。"此外，通过对太阳的探测，人类可以深入了解天体磁场的起源和演化、高能粒子的加速和传播等重要物理过程，对天体物理学研究也具有重要意义。

太阳探测是空间科学发展的重要领域。中国国家航天局已组织相关单位提出日地L5点太阳探测、太阳极轨探测、太阳抵近探测等一系列任务规划，对太阳进行全方位立体探测，深入认识太阳活动的起源和演化，为推动人类科学文明的发展贡献力量。其中包括"羲和号"太阳探测卫星和"先进天基太阳天文台"计划。

"羲和号"——捕捉太阳的一举一动

2021年10月14日，我国太阳H_α（氢阿尔法）光谱探测与双超平台科学技术试验卫星"羲和号"发射升空，卫星名字取义"效法羲和驭天马，志在长空牧群星"，象征中国对太阳探索的缘起与拓展。"羲和号"运行于平均高度为517千米的太阳同步轨道，主要科学载荷为太阳H_α成像光谱仪。作为我国首位太阳专属"摄影师"，经过前期在轨测试与调试，"羲和号"成功实现了国际首次空间太阳H_α波段光谱扫描成像。国际首次在轨获取太阳H_α谱线、SiⅠ（中性硅原子）谱线和FeⅠ（中性铁原子）谱线，得到了完整的谱线轮廓。根据这些谱线的精细结构，可进一步研究太阳活动的物理过程。

2022年8月30日，国家航天局正式发布我国首颗太阳探测科学技术试验卫星"羲和号"取得的以太阳科学探测和新型卫星技术为主的近百个太阳爆发活动、在轨获取太阳H_α谱线精细结构等系列新成果。"羲和号"的科学数据已向全球开放共享。这对于后续开展太阳空间探测任务，以及提升我国在空间科学领域国际影响力等具有重要意义。

目前，"羲和号"每天都在按照既定任务计划开展科学观测。除此之外，在新型卫星技术试验方面，在太空中，卫星载荷一次微小的振动，都会使成像效果差之毫厘、谬以千里。"羲和号"国际首次实现了主从协同非接触"双超"（超高指向精度、超高稳定度）卫星平台技术在轨性能验证及工程应用，打破了传统卫星平台微振动"难测、难控"的技术瓶颈，采用磁浮控制技术，将平台与载荷的物理接触彻底隔绝，确保载荷成像不受平台扰动的影响，让其拍照"更稳、更准"，使我国卫星平台的姿态控制水平达到国际先进水平。

"夸父逐日"——我国成功发射综合性太阳探测卫星

"先进天基太阳天文台"是中国科学院空间科学战略性先导科技专项规划的一颗太阳综

合观测卫星，以"一磁两暴"为科学目标，对太阳耀斑、日冕物质抛射和全日面矢量磁场开展观测，研究"一磁两暴"的起源、相互作用及彼此关联，为严重影响人类正常生活的空间灾害性天气预报提供支持。

2022年10月9日7时43分，我国在酒泉卫星发射中心采用长征二号丁型运载火箭，成功将先进天基太阳天文台卫星"夸父一号"发射升空，卫星顺利进入预定轨道，实现了我国天基太阳探测卫星跨越式突破。

先进天基太阳天文台搭载了全日面矢量磁像仪、莱曼阿尔法太阳望远镜和太阳硬X射线成像仪三台有效载荷，将首次在一颗近地卫星平台上实现对太阳磁场、太阳耀斑非热辐射、日冕物质抛射日面形成和近日面波的同时观测。卫星设计寿命4年，运行在约720千米的太阳同步晨昏轨道。

"夸父"是广为人知的中国神话人物，"夸父逐日"的故事表达了中国古代先民胸怀大志、探索自然、英勇顽强的精神，将先进天基太阳天文台命名为"夸父一号"一方面蕴含了中华民族千百年来试图揭开太阳神秘面纱的不懈求索，完美地诠释了中国人热爱自然、探索自然的情怀与浪漫。另一方面，寓意"夸父一号"将与未来中国太阳探测卫星一起，开创中国综合性太阳观测的新时代。

2022年11月21日下午，"夸父一号"先进天基太阳天文台载荷"硬X射线成像仪"（HXI）首张科学图像在中国科学院紫金山天文台发布。图像是对2022年11月11日1时（世界时）爆发的一个M级耀斑的成像。当时HXI开机仅20天。经过多方比对并经后续观测反复确认，此次发布的图像是我国首次获得太阳硬X射线图像，也是目前国际上地球视角唯一的太阳硬X射线图像，其质量达到国际先进水平。

3.2 太阳系的行星成员

行星通常指自身不发光，环绕着恒星的天体，其公转方向常与所绕恒星的自转方向相同，比如我们的地球。国际天文学联合会大会于2006年8月24日通过了"行星"的最新定义，包括以下三点：

（1）在环绕太阳的轨道上运行；

（2）具有足够质量来克服刚体应力以达到流体静力平衡的形状（近于球体）；

（3）清空其轨道附近的天体。

也就是说，行星需具有一定质量，行星的质量要足够大（相对于月球来源）且近似于圆球状，但自身不能像恒星那样发生核聚变反应。一般来说，行星的直径必须在800千米以上，质量必须在5兆吨以上。据此，太阳系一共有八大行星：水星、金星、地球、火星、木星、土星、天王星、海王星。传统九大行星之一的冥王星不再被视为行星，被列入"矮行星"。

在一些行星的周围，存在围绕行星旋转的物质环，由大量小块物体（如岩石、冰块等）构成，因反射太阳光而发亮，称为行星环。20世纪70年代之前，人们一直以为只有土星有光环，随后相继发现天王星和木星也有光环，这为研究太阳系起源和演化提供了新的信息。

在太阳系形成初期，99%以上的物质向中心聚合成为太阳，周围还有部分散在的物质碎片围绕着太阳旋转，经过很长一段时间的碰撞和引力作用，散在的碎片逐渐聚合成了九大行星（后来冥王星被移出行星家族）。

在行星形成的过程中，距离太阳较近的区域温度较高，易汽化的物质都在高温下挥发，仅留下岩石和金属类的物质，这些密度较大的物质经碰撞并逐步汇集形成固态行星。这些固态星球的大气层最初可能由氢和氦组成，但强烈的太阳风很快把这些原生大气吹走。在行星形成的早期，一些分子量较大的气态物质储存在固态行星内部，这些气态物质逐步从固态星球内部通过地质活动释放出来而产生大气层，形成次生大气。在太阳系外围，温度相对较低，水和其他易挥发物质（如氨等）以固态形式存在，这些物质形成气态星球的核，核的质量快速增长，在引力的作用下不断吸引周围分子量较小的气体（如氢和氦），从而形成巨型气态星球，宇宙大爆炸形成的主要成分氢和氦，构成了这些星球的大气层。固态和气态星球的范围由所谓的"雪线"分离开来，在太阳系，"雪线"位于火星和木星之间，因此，内围的四个星球是固态的，而外围的四个星球是气态的。表3.1为以地球为参考的太阳系各行星参数对比。

表3.1 太阳系各行星参数对比（以地球为参考）

行星	轨道半径（AU）	轨道周期（年）	质量（地球质量）	半径（地球半径）	自转周期（天）	平均密度（千克/立方米）
水星	0.39	0.24	0.055	0.38	59	5400
金星	0.72	0.62	0.82	0.95	−243	5200

续表

行星	轨道半径（AU）	轨道周期（年）	质量（地球质量）	半径（地球半径）	自转周期（天）	平均密度（千克/立方米）
地球	1	1	1.0	1.0	1.0	5500
火星	1.52	1.9	0.11	0.53	1.0	3900
木星	5.2	11.9	318	11.2	0.41	1300
土星	9.5	29.4	95	9.58	0.44	700
天王星	19.2	84	15	4.0	-0.72	1300
海王星	30.1	164	17	3.9	0.67	1600

资料来源：埃里克·蔡森，史蒂夫·麦克米伦.今日天文太阳系和地外生命探索[M].高健，詹想，译. 8版.北京：机械工业出版社，2016.

注：负的自转周期表示该行星的自转方向与其绕太阳自转的方向相反。

虽然不同行星的具体细节并没有太多规律可循，但根据整体特征可以划分为两大类：类地行星和类木行星。类地行星为内行星，包括水星、金星、地球和火星，物理性质和化学性质都与地球类似，体积小、密度高、呈固态。类木行星为外行星，包括木星、土星、天王星和海王星，物理性质和化学性质和类地行星截然不同，体积大、密度低、呈气态。

3.2.1 水星——离太阳最近的行星

"难得一见"的水星

水星是距离太阳最近的行星，因为它总是与太阳形影不离，而且水星是太阳系内质量和体积最小的一颗行星，质量约是地球的1/20，直径约为4880千米，体积只有不到地球的1/3。所以我们很难在地球上看到它的身影，只有在黎明或黄昏时分（或日全食期间），太阳的光线被遮住时我们才能用肉眼观测到水星，并且在任何一个夜晚最多可见两个小时，因此我们很难跟踪水星的一个完整周期。但现在，利用大型望远镜可以过滤太阳的强光，即使在白天，只要水星在天空的高处（此时大气影响较小），也有机会被观测到。

从地球上看，水星从不会远离太阳，是太阳系离太阳最近的行星，不太容易被观测到，人们只能在黎明或黄昏，太阳光不那么耀眼的一小段时间里看见它。古人曾一度认为他们看到的是两颗不同的星星，还建立了在黎明和黄昏出现的星球的联系，以致水星在古代的中国和希腊都有两个名字，当它出现于清晨时被称为辰星（西汉称水星）或阿波罗，而出现在夜空时被称为昏星或赫尔墨斯。直到公元前350年，希腊人才意识到他们在日出和日落看到的实际上是同一颗星星。水星现在的名字墨丘利是罗马人对赫尔墨斯的称呼，这也许是因为水星在夜空中的快速移动让人想到了"速度之神"赫尔墨斯吧（水星绕太阳公转只需要约88天）。

有意思的是，水星虽然遥远，却是我们中国历史文人的"聚贤阁"，水星上有以李白、杜甫、白居易、李清照、关汉卿、文天祥、鲁迅、齐白石等名字命名的环形山或撞击坑，这也算是我们中华文明与水星的一段佳话吧。

被太阳炙烤的水星的真实面目

水星很难从地球观测，即使用相当大的望远镜，也只能看到一些模糊的水星表面特征。2018年10月20日发射的"贝皮可伦坡"号探测器传回的影像，让人类第一次近距离看到水星的真实模样：与我们生活的温暖、水草丰美、环境舒适的地球不同，水星在很多方面与月球相似，似乎在过去的40亿年里就已经是一个"死去"的世界，更小、更冷，也更热（昼夜温差很大），表面遍布撞击坑，没有生命存在。

科学家认为，几十亿年前，水星曾受到宇宙中某些天体的严重撞击，这颗炽热的星球因此无法降温。最终，火山爆发的岩浆填满了水星表面的洼地，这些洼地如今都变成平原。经过很长时间，水星的地核逐渐冷却下来，火山也休眠了。水星表面布满各种大小的环形山（虽然不像月球上的那么密密麻麻），大多数水星环形山都是陨石撞击的结果。同样，水星没有明显的大气（如果水星确实产生过大气层，也在很久之前就被烧毁了），因此无法对行星际空间的恶劣环境提供任何保护；同时，由于缺乏大气的调节，水星表面温度变化很大，加上离太阳最近，水星表面白天（或向阳面）的温度高达423℃，而夜晚（或背阳面）仅-173℃，昼夜温差在太阳系所有行星里最大；水星质量比地球小很多，所以引力场很弱，这使其表面重力大约是地球引力的40%。

探测器还发现水星表面有两个独有的特征：一个是跨越几个环形山的悬崖和峭壁，可能是形成于40亿年前陨石轰击事件结束的行星冷却和收缩期，这使它们看起来就像萎缩的苹果皮上的皱褶。另一个则出人意料，水星表面分布的形状不规则的、小而浅的"洼地"都有新鲜的外观，表明它们可能是近期形成的，这完全不同于月球上的撞击坑，说明它们可能是由撞击坑引起的次级反应形成的。

当看到坑坑洼洼的水星地形（图3.5），不知道的还以为这是月球。其实，说水星像月球并不完全准确，准确地说，它更像地球，只不过由于距离太阳太近，不仅大气层被太阳风吹走了，就连大部分固体物质也已经被太阳风吹走了，只剩下一个铁质的内核，也就是说，我们看到的是一个类地行星的内核，这也许就是地心的样子。水星是太阳系中除地球之外具有明显全球性磁场的类地行星。

图 3.5　水星地形（图源：摄图网）

水星表面最有名的是卡洛里盆地——一个如同巨大的公牛眼睛的撞击坑，位于水星的明亮半球部分（图 3.6）。卡洛里名字取自拉丁语 "calor"，意思是酷热，为卡洛里盆地取这样的名字，主要源于它所处的位置。当水星在处于近日点附近时，太阳辐射出的光芒会直接照射在卡洛里盆地之上。卡洛里盆地是太阳系中最大的撞击坑之一，它可能是水星历史上最后一个重大地质事件的结果。

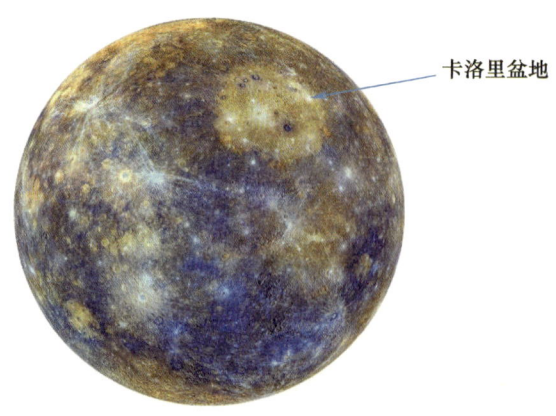

图 3.6　卡洛里盆地（图源：摄图网）

尽管我们对水星已经有所了解，但仍然有很多谜团等待解开，这需要轨道飞行器和着陆器来回答。遗憾的是，我们没有环绕水星的轨道飞行器，也没有探测器或着陆器，因为水星的位置实在太"危险"了。水星的位置非常接近太阳,这意味着任何造访水星的宇宙飞船都必须与太阳强大的引力相抗衡。这比把人造卫星送上火星要复杂得多。水星绕太阳旋转的速度也很高,大约是 48 千米/秒。相比之下,火星绕太阳旋转的速度只有 24 千米/秒。这意味着到达一个旋转轨道需要很多能量。由于水星几乎没有大气层,要想进入轨道就不可能有空气制动机动。

水星凌日

水星凌日是一个很有趣的天文学现象。由于水星和地球的绕日运行轨道不在同一个平面上,而是有一个大约 7° 的倾角,因此,当水星和地球两者的轨道处于同一个平面上,而太阳、水星、地球三者又恰好排成一条直线时,在地球上会观察到太阳上有一个小黑斑在缓慢移动,这就是水星凌日。由水星的公转周期可以算出,水星凌日平均每 100 年约发生 13 次(水星约 88 天绕太阳一周),下一次水星凌日要到 2032 年。

对于水星凌日的天象,科学家关注更多的是利用水星凌日可以做什么。其实,在遥远的星系中,大多数绕恒星运行的系外行星有类似水星凌日的现象,就是当一颗行星在它的恒星和观察者之间运行时,恒星发出的光会变暗。如果天文学家观察一颗行星几次经过它的恒星,就能确定这颗行星的运行周期,同时也可以了解关于这个星球的其他参数,比如它的质量和密度等。

3.2.2 金星——地球的姐妹行星

在质量和半径上,金星几乎是地球的副本,密度和化学成分也相似,轨道离太阳的远近也差不多,因此,它被称为地球的姐妹行星。但地球温暖、舒适,是一个水草丰美、生机盎然、充满活力的世界,相比之下,金星则是一个烈焰地狱,没有一丝生命迹象。

神话中的"太白金星"和古语中的"启明星"

金星是天空中除了太阳和月亮外最亮的星,亮度最大时比最亮的恒星天狼星亮 14 倍,我国古代称它为"太白"(罗马人则称它为"维纳斯"——爱与美的女神)。早上出现在东方,亦谓启明,傍晚出现在西方且谓太白,古时说"东有启明,西有长庚"。它大而明亮,又是位于离太阳第二近、距离地球最近的行星,由此引起中国古人丰富的想象,于是出现一系列关于金星的神话传说。《西游记》中描述的太白金星是一位年迈的白须老者,手持一柄光滑柔软的拂尘,慈祥、善良,深受人们的喜爱。由此可见,太白金星即古人根据金星定义的神话传说人物。

古人定义的"太白金星"原名为李长庚,亦名启明、长庚、明星。古语里面的金星其实就是启明星。天亮前后,有时候会有一颗非常明亮、耀眼的"晨星"挂在空中。它位于东方的地平线上,民间称为启明星。到了傍晚时分,日落西山,余晖中也会出现一颗明亮的"昏星",人们称它为"长庚星",如日出日落,有起有伏。作为夜空中最亮的星,启明星明亮无比,但在地球上看金星和太阳的最大视角不超过48°,因此金星不会整夜出现在夜空中。它有时悬挂高空、有时在低处闪烁,对它的规律,人们总是无法捉摸。因为神秘,关于它的传说有很多。有意思的是金星自转一周比公转一周还慢,并且是逆向自转,所以金星上的一年比一天还短,而且在金星上看到的太阳是西升东落的。

为什么金星的大气这么热

与地球不同的是,金星的大气太厚,并且对可见光不透明。用地球上的望远镜观测,金星呈现出一个几乎无特征的黄白色圆盘。根据金星离太阳的距离,古代推测它的温度与地球应该差不多。早期科学家推测金星可能比水星的向阳一侧更凉爽,但现在我们知道,这种推断是严重错误的。1956年对金星进行射电观测(不同于可见光,射电观测可以穿透云层,从而揭示金星近地表环境特征)揭示出金星温度接近457℃,这彻底颠覆了人们关于金星的概念:从郁郁葱葱的热带丛林变成干旱、无法居住的沙漠。

这又是什么原因造成的呢?首先看一下金星的大气组成:二氧化碳占96.5%,剩余的3.5%大多是氮气,还有微量的其他气体,如水蒸气、一氧化碳、一氧化硫、氩气。由于有这样的大气组成,金星一定是很热的——因为温室效应。

地球上的温室气体——特别是水蒸气和二氧化碳,捕获了来自太阳的热量,同时阻止热量从地球表面逃逸回太空,这增加了地球的平均温度。正如一块厚厚的毛毯可以让你在寒冷的夜晚保持温暖,毛毯越多,人会感到越温暖。同样,在大气中有更多的温室气体,行星的表面就会更热。

金星厚厚的二氧化碳"毛毯"吸收了近99%的从金星表面释放的红外辐射,这正是金星表面温度高达457℃的直接原因。此外,金星两极的温度和赤道上差不多,白天和黑夜之间的温度也没有太大的区别。大气环流有效地围绕整个星球扩散热能,所以即使在长达两个月的漫漫长夜中,金星也会同样的炽热。

为什么最初与地球一样的金星会变得如此不同

如果金星大气和地球形成时大气成分基本相似,为什么会有那么多二氧化碳出现在金星的大气层中?或者,与金星相比,为什么地球大气层中的二氧化碳这么少?

地球的大气自从第一次出现以来已经发生了很大的演化,第二代大气是在40亿年前因火山活动从内部脱气形成,然后经由活生物体处理,直到目前的大气形式。在金星上,大气形成的初始阶段应该是与地球大致类似的方式发生,因此,在过去的某个时期,金星也可能有类似地球的原始大气,包括水、二氧化碳、二氧化硫和富氮的化合物。金星上究竟发生了什么,才在后来造就与地球如此不同?

在地球上,太阳光将富氮化合物分解,其中氮气释放到空气中,同时,水汇聚到海洋并最终将大部分二氧化碳和二氧化硫溶解,大部分剩余的二氧化碳则进入地表的岩石中。如果溶解或化学结合的二氧化碳被全部释放到地球现今的大气中,其新的组成将是98%的二氧化碳和2%的氮气,大气压将是现今数值的70倍。换句话说,除了氧气(只在地球生命的起源后出现)和水的存在,地球的大气和金星很像。地球和金星之间的真正区别就是,金星的温室气体从来没有像在地球上那样离开大气层。而金星的第二代大气出现时,其温度高于地球上的大气,仅是因为金星更接近太阳。但是,太阳当时可能更暗(也许只有当前亮度的一半),所以当时金星到底比地球热多少就不得而知了。如果当时的温度已经很高,没有海洋浓缩,水蒸气和二氧化碳便会留在大气中,产生温室效应。如果海洋确实形成了,大部分的温室气体离开了大气,像它们在地球上那样,那么必然还有一种"失控的温室效应"在过程中发挥作用,才能让温度足够高。

要理解"失控的温室效应",首先假设将地球从目前的轨道调整到现在金星的轨道,离太阳近了约30%。在这个距离上,地球表面接收到的阳光将是目前水平的两倍左右,所以将更热,更多水会从海洋中蒸发,从而大气中的水蒸气增加。在同一时间,海洋和表面岩石"持有"二氧化碳的能力会被削弱,更多二氧化碳进入大气。其结果是,温室效应会增加、地球进一步变暖……这个过程一旦开始就会"失控",最终导致海洋完全蒸发,将原有的温室气体全部排放到大气中。以上描述的事情在很久以前就在金星上发生了,最终导致我们今天看到的"行星炼狱"。

虽然全球变暖几乎不可能把地球推向金星所经历的变化过程，但这一理论揭示了地球环境的相对脆弱。没有人知道，当地球形成时接近太阳到何种程度，地球也可能会发生失控的温室效应。但比较地球与金星，我们会发现存在着轨道限制，大概在 0.7AU 和 1.0AU 之间。如果小于这个距离，地球将遭受类似的灾难性失控。这也暗示我们，当我们在评估银河系中的其他行星存在生命的可能性时，必须考虑这个失控的温室效应。

3.2.3　地球——唯一宜居的星球

因为适宜的温度、液态水的存在和适宜生物呼吸的大气，地球是目前宇宙中已知存在生命的唯一天体，是包括人类在内上百万种生物的家园。

从太空上看，地球就像一个蓝白相间的"大弹球"。地球上的居民多么幸运，能拥有如此纯白的云朵和大面积的水域。宇宙中最大的未解之谜就是为什么地球是太阳系（很可能也是整个宇宙）中唯一从"大爆炸"中幸存下来，并且能够孕育生命的星球。为什么这个星球拥有"恰到好处"的生存条件？

一切都恰到好处

首先，地球是个呈两极稍扁、赤道略鼓的不规则椭圆球体，按离太阳由近及远的顺序为第三颗行星，是太阳系中直径、质量和密度最大的类地行星，距离太阳约 1.5 亿千米。太阳的质量足够大，能产生足够的引力让所有行星都保持在它周围的轨道上；太阳释放的能量足够大，给了地球适当的热量，又不至于烧掉它。其他行星就没那么幸运了，它们和太阳之间的距离不是太近就是太远，所以它们要么太热，要么太冷。

其次，地球自西向东自转，同时围绕太阳公转。地球自转周期为 24 小时，也就是说，地球每天都自转一圈，这样就不至于一边的人热得受不了，另一边的人冷得受不了（相比而言，太阳系有些行星的一天有地球上的几个月那么长）。同时，地球公转时稍微倾斜，导致阳光有规律地直射或斜射某一地方，因此气温有规律地变化，这使地球拥有四季更替，既没有太热的地方，也没有太冷的地方。

还有，地球拥有一个磁场，可以屏蔽致命的太阳风的侵袭；有个可以保护人类的大气层，阻挡来自宇宙有害射线的同时，还可以为我们保暖；如果地球上没有氧气，就没有海洋，也没有可呼吸的空气。

研究表明，46亿年前起源于原始太阳星云的地球在诞生初期只是一团混沌的物质，经过几十万年，物质逐渐冷却凝固形成了地球的初步形态，再经过几十万年，由于地球的引力作用，由地球内部化学反应所产生的气体喷出后在地球周围形成了大气层，并由氢气和氧气化合成了水（表面积约5.1亿平方千米的地球约71%为海洋）。后来，经过太阳的能量辐射，地球本身的电场、磁场作用和适宜的生存环境，水中产生了有机物，也就是一切生命的祖先……

地球能够成为宇宙中罕见的生命星球，除了与太阳有密切的关系之外，还有一个重要的因素，那就是地球有一个特别的卫星——月球。之所以说月球非常特别，是因为月球的质量是地球的1/81，体积是地球的1/49。这个比例在卫星中是非常不可思议的。太阳系大部分行星都有自己的卫星，其中木星和土星的卫星数量最多，可是这些行星的卫星质量和体积跟行星相比，是远远小于行星的，基本都是几千分之一甚至更小。由此可见，月球相对于地球来说真的是太"大"了，正是由于月球的质量和体积太"大"，使它的自转周期和公转周期一样，我们只能看到月球的一面，背面是无法被直接观测到的。同样，也是由于月球非比寻常的质量，它对地球才产生了明显的潮汐作用，这种潮汐作用不强也不弱，非常有利于地球稳定环境的形成，更有利于生命的存在。

天文学家发现，在一些非常遥远的星系中也有一些行星会围绕它们的恒星旋转，但是人类无法在上面生存。太阳系中的一些行星虽然也有山脉、日出和日落，但是没有空气和水。地球的物理特性和它的地质历史及轨道，使地球上的生命能周期性地持续。地球预计将在15亿年内继续拥有生命，直到太阳不断增加的亮度使地球上的生物圈灭绝。

正如卡尔萨根在《暗淡蓝点》中所言：

"地球是目前已知存在生命的唯一世界。至少在不远的将来，人类无法迁居到别的地方。访问是可以的，定居还不可能。不管你是否喜欢，就目前来说，地球还是我们生存的地方。

…………

我们有责任更友好地相互交往，并且要保护和珍惜这个淡蓝色的光点——这是我们迄今所知的唯一家园。"

3.2.4　火星——荧荧如火的红色星球

夜空中闪耀着一颗特别亮的红色星星，从太阳轨道附近自东向南运动，最终在西方落下，它就是火星。火星看起来很红是因为它的表面覆盖着"铁锈"，也就是含有氧化铁的沙砾；火星稀薄的大气中的主要成分为二氧化碳；和地球一样，火星具有四季变化，但火星和地球绕太阳公转的速度是不同的，火星约 1.88 年绕太阳公转一周，而地球则是一年公转一周。

火星冲日

火星和地球都按照各自的速度在轨道上运行，每两年零两个月，太阳、地球和火星会排成一条直线。当按照太阳、地球和火星顺序排列时，就叫作"火星冲日"。冲日时，火星看起来一般会比 1 等星稍亮些。这时火星会接近地球，因为火星位于太阳的对面，在冲日时火星会在夜晚的南方天空闪耀。冲日之中火星如果恰好位于"近日点"附近，称为"火星大冲"，位于"远日点"时称为"火星小冲"。大冲时火星离地球的距离不超过 5500 万千米，而小冲时大约 9000 万千米。

火星与地球的会合周期约 780 天，因此每两年多，人类才能观测到一次火星冲日，冲日前后是观测火星的最佳时期，2020 年 10 月 14 日就有一次火星冲日，并且接近"大冲"，火星距离地球约 6300 万千米。当晚，火星就像一块红色宝石镶嵌在天幕之上，熠熠生辉，绝美无比。几乎整夜可见，亮度可达到 –2.6 等，比当晚的木星（–2.3 等）还要明亮，可谓光彩夺目。

火星上的"水"

火星是干旱和荒凉的，但天文学家们拥有的证据证明火星并非一直这样。既不像地球到处有丰富的水，也不像金星数十亿年来一直没有水，火星表面可能曾经储存液态水。因为水是生命存在和发展的重要组成部分，所以它的存在对火星上是否存在生命具有重要意义。那么，自火星形成以来，火星表面的环境是如何发展的呢？

（1）火星过去有流动水的证据。天文学家拥有火星表面的径流通道和流出通道存在的证据。这表明液态水曾经在火星表面大量存在。在火星南部高地发现的径流通道互相扭结，并合并成更大、更宽的通道，与地球上的河流系统非常相似。正像它们看上去的样子，地质学家认为这是干涸的河床。因此，许多行星科学家认为，火星可能曾经存在河流、湖泊，甚至海洋点缀其表面。2010 年，环火星巡逻者号和火星快车号探测到在整个南部高地上有黏土矿床，研究者认为黏土可以作为在表面上有液态水的强有力的证据。

对火星存在液态水的讨论自然地分成两个时期：早期为 40 亿年前（火星高地的年龄），火星大气更浓密，表面更温暖，液态水很普遍，与前面提到的径流通道相关；后期则指大约 30 亿年前，以流出通道为标志。许多研究者认为，已获得的数据提供了在这个后来的"潮湿"阶段在火星表面存在着大型开放式广阔水体的证据，如火星全球勘测者号拍摄的图像呈现出可能存在覆盖了大部分北部低地的古老海洋。目前，对于火星海洋的存在仍然是有争议的。反对者认为这些地貌也可以由地质活动所创造，在这种情况下，它们与火星上的水毫不相关。然而，随着更多数据的获得，支持火星上曾经存在湖泊或海洋的证据正在加强。

（2）火星存在"地下冰"。虽然今天火星表面没有液态水，然而火星撞击坑的详细外观提供了关于该行星地下情况的一些信息，许多火星撞击坑周围的喷出物与月球上的完全不同。比较月球上的哥白尼撞击坑和火星上的尤蒂撞击坑，会发现月球撞击坑周围的物质是从爆炸喷出的大量灰尘、土壤和石块。然而，火星上的喷出物则好像有液体溅湿了它们或者从其上流过。地质学家认为，这些喷出物被液化的陨石坑表明仅仅在表面以下数米就是多年冻土层或水冰层。撞击产生的爆炸加热和液化的冰，从而导致喷出物的流体外观。

关于火星地下冰的直接证据在 2002 年被获得，NASA 的火星"奥德赛号"轨道器检测到在火星高纬度地区的表面层混合着广泛沉积的水冰结晶（实际上是它们包含的氢）。在一些区域，冰的含量高达火星土壤体积的 50%。而欧洲航天局的"火星快车号"（2003 年发射）上的雷达已经证实了这些结果，表明这些冰在许多区域延伸到了表面以下几百米。2010 年，NASA 的"环火星巡逻者号"（2005 年发射）报告了似乎还不到几百万年历史的"冰川融化"，但为什么冰在距今较近的时期内会融化还是未知的。

（3）火星表面上有"近期"的水。2000 年之前，天文学家们认为火星表面以下所有的水都是以冰的形式存在的。然而，NASA 的"火星全球勘测者号"（1996 年发射）的科学家声明，在火星悬崖和陨石坑壁发现的许多小规模的"沟渠"是被近期流动的水所"雕刻"的。据此，团队推测，它们中的一些可能目前还是活跃的，液态水可能存在于火星一些地区，水深小于 500 米。2011 年，环火星巡逻者号观测到数百米长的短暂的"指状"流，这可能预示火星含有咸的地下水。虽然这些特征的来源和组成是不确定的，但有一点是明确的，无论它是什么，它都是新近形成的。

现在，行星科学家依据观测追溯出火星上水的历史：在早期，火星的环境是温暖的，甚至类似地球，液态水广泛分布，雨水排入河谷形成径流通道。约 40 亿年前，由于气候条件发生变化，水开始结冰，形成多年冻土和干涸的河床。火星保持冻结约 10 亿年，直到火山活动使火星地表温度升高，地下冰融化，造成山洪暴发，又创建了流出通道。随后，活动消退，液态水再次结冰，火星再次成为干旱的世界。

火星大气

在一年中的大多数时候，火星的天气每天大多都一样：太阳升起，表面升温，轻风吹拂，直到日落，温度再次下降。只有在南方的夏天，天气才有常规的每日变化。火星表面的强风（没有雨或雪）卷走了干燥的尘土，并最终沉积在星球的其他地方。最狂暴的事件是巨大的火星沙尘暴，沙尘会席卷整个大气层，其灾难程度令地球撒哈拉大沙漠最可怕的风暴也黯然失色。在一次沙尘暴中灰尘甚至可以在空气中停留几个月，沙尘暴形成的沙丘系统的外观与地球上的类似地貌相似。

为什么火星大气是现在这样的？据推测，火星在其形成早期就从行星内部脱气，约40亿年前，正如火星高原上的径流通道所显示的，火星也许有一个相当浓密的大气层，还有蓝色的天空、海洋和雨水。行星科学家估计，火星大气的温室效应也比目前地球大气的情况高几倍（即使考虑到火星到太阳的较远距离以及太阳40亿年前的发光度比现在约降低30%），保持着还算舒适的条件，高于0℃（水的冰点）的表面温度似乎是完全可能的。但在接下来的10亿年的某个时候，火星大气的大部分消失了，其中一部分有可能被太阳系早期火星与大天体的撞击事件所"驱逐"，而更大的部分则可能因为火星的引力较弱而泄漏到太空中。剩余气体的大部分可能变得较不稳定，在一种"反向失控的温室效应"下逐渐消失。

目前已知火星大气的成分是约96%的二氧化碳、1.9%的氮气、1.9%的氩气、0.13%的氧气以及微量的一氧化碳和水蒸气。这样看起来，火星和金星的大气成分之间有一些表面上的相似，但火星的"空气"比金星的更稀薄（约1/10000）。

金星、地球、火星大气层对比

控制一颗类地行星大气层中二氧化碳水平的关键机制是岩石吸收二氧化碳并融入行星的壳层中。液态水的存在会大大加快这个过程——二氧化碳溶解在行星上的液态水中最终与表面物质反应形成碳酸盐岩石，从而对大气中的二氧化碳是一种持续性消耗。

在金星上，正如前面所讲，熟悉的温室效应失控了，导致高温和高压，随着温度的升高，二氧化碳离开金星表面进入大气，从而导致现在金星的极端环境。

在地球上，有一个非常不同的过程——板块构造不断产生二氧化碳，并通过火山活动将其返回到大气中，抵消了将二氧化碳吸收到地表的作用。最终，两个相互竞争的过程达到平衡，大气中二氧化碳的浓度趋于保持不变。

然而，这两个对立的过程在火星上没有出现。因为这颗行星太冷了，温室气体几乎不会逸出，而且火星的内部冷却速度比地球快，这个行星显然从未发生过大规模的板块运动，所以消耗二氧化碳的量远远多于释放二氧化碳的量。因此，一条"单向通道"被建立，大气中的二氧化碳稳步下降，对生命而言"可能舒适"的行星环境最多延长到5亿年左右。随着温度的继续下降，水从大气中冻结出来，进一步降低了大气中温室气体的水平、加速了冷却。最后，甚至二氧化碳都开始冻结了，尤其是在两极，火星逐渐呈现出我们今天所看到的状态——寒冷、干燥，大部分原始大气都位于其贫瘠的表面里或表面下。

有"水"的火星能住人吗

许多小说、电影都曾提到火星上有火星人。19世纪末20世纪初，美国有位天文爱好者帕西瓦尔·罗威尔对火星上存在能够挖掘运河（意大利天文学家夏帕雷利绘制的火星素描中描绘的呈直线状的地形）的高级生物——火星人深信不疑，他甚至花费大量私有财产，在亚利桑那州建设私人天文台观测火星，最终在不知道火星人是否存在的情况下，怀着对火星文明的空想去世了。1898年，英国作家赫伯特·乔治·威尔斯出版了科幻小说《世界大战》，讲述了具有比地球人更为发达的章鱼形火星人进攻地球的故事。40年后，著名演员奥逊·威尔斯将其改编成广播剧播出，以火星人进攻美国为背景。节目播出后，在全美引起了恐慌，许多听众以为火星人真的要来进攻地球了。

在距今大约100年前，许多人都认为火星人是存在的。从20世纪下半叶开始，人类进入开发宇宙的时代，无人探测器接二连三地到访火星。而人类认识到"火星上不存在火星人"，要追溯到20世纪60年代人类向火星发射探测器之后。

1964年，美国发射了探测器"水手4号"，成功拍摄了世界上第一张火星的近距离照片。"水手4号"发回的照片中，既没有运河也没有生物的踪迹。

2011年11月，NASA发射了火星探测器"好奇号"，并于2012年8月成功在火星着陆。"好奇号"的火星探测成果显示，火星的岩石中含有黏土和硫酸盐。黏土是颗粒极细的硅酸盐，其中应当含有水分。火星表面的水源中不含有过多盐分，酸碱度比较接近中性。

总之，探测火星已经取得了多项成果。研究发现，火星是一颗老年期的行星，曾有足够的内部热能、地质构造活动强烈、具有全球性内禀偶极子磁场、岩浆-火山作用活跃,形成了太阳系最高的火山山峰(奥林帕斯山)和太阳系最长的峡谷(水手 大峡谷)。火星曾有比现在浓密得多的大气层,表面存在过液态水,火星表面曾观测到干涸的水系、湖泊和海洋盆地,火星有过适宜生命繁衍的环境,并可能孕育过生命。火星存在小天体撞击形成巨大撞击坑和洪水冲刷的痕迹。现今的火星表面是干旱、寒冷的世界,没有液态水,大气成分以二氧化碳为主,大气稀薄,小于1%大气压,沙尘暴肆虐。目前,火星全球内禀偶极子磁场已消失,构造和岩浆活动已基本停息,水体可能转入地下。

然而,在太古时期的火星上,是否覆盖着平稳、无波的海洋,是否曾经有着适宜孕育生命的环境呢?至今为止探测器尚未发回类似发现沼气等有机物或是生命痕迹的消息。人们也在期待今后的探测成果为解决关于"火星上是否有生命存在"以及"火星上过去是否有生命存在"的争论提供线索。

中国火星探测计划

火星探测风险高、难度大,探测任务面临行星际空间环境、火星大气稀薄、火星地形地貌等挑战,同时,受远距离、长时延的影响,着陆阶段存在环境不确定性、着陆程序复杂、地面无法干预等难点。2021年,在俄罗斯召开的全球航天探索大会上,中国航天科技集团一院院长王小军介绍了中国第一次火星探测任务"天问一号"和"祝融号"探测器的任务概况、总体方案、相关数据和视频,以及中国未来深空探测计划。王小军提出了载人火星探测"三步走"设想:第一步,机器人火星探测(技术准备阶段),主要任务是火星采样返回、火星基地选址考察、原位资源利用系统建设等;第二步,初级探测(初步应用阶段),主要任务是载人环绕火星、轨道探测、载人火星着陆探测、火星基地建设等;第三步,航班化探测(经济圈形成阶段),主要任务包括大规模地火运输舰队,大规模开发与应用(火星资源)等。

我国首次火星探测任务于2013年全面启动论证,2016年1月正式批准立项,计划通过一次任务实现火星环绕、着陆和巡视,对火星进行全球性、综合性的环绕探测,在火星表面开展区域巡视探测。"天问一号"探测器由环绕器和着陆巡视器组成,着陆巡视器包括"祝融号"火星车及进入舱。

2020年7月23日,"天问一号"探测器于海南文昌成功发射,迈出了我国自主发展行星探测的第一步。探测器在地火转移轨道飞行约7个月后,到达火星附近,通过"刹车"

完成火星捕获，进入环火轨道，并择机开展着陆。

2021年5月15日7时18分，"天问一号"着陆巡视器成功着陆于火星乌托邦平原南部预选着陆区，实现了我国首次地外行星着陆。之后，"祝融号"火星车依次开展对着陆点全局成像、自检等，然后驶离着陆平台并开展巡视探测。

2021年5月19日，国家航天局发布首张"祝融号"拍摄的着陆后视角照片，这标志着"祝融号"在火星表面的探测工作顺利展开。

2022年元旦，国家航天局发布我国首次火星探测任务"天问一号"探测器从遥远火星传回的一组精美图像，向全国人民报告平安并致以节日问候。图像包含环绕器与火星合影、环绕器局部特写、火星北极冰盖、"祝融号"火星车拍摄的火面地貌等内容，展示环绕器、"祝融号"火星车工作状态及获取的火星表面形态。

着陆后的"祝融号"状态良好、一切正常，在地形地貌、物质成分、磁场等方面都取得了一些进展。2022年5月下旬开始，由于所在着陆区域进入冬季，"祝融号"开始休眠。后续随着天气好转，"祝融号"再次被唤醒，进一步在科学探测方面开展更深入的探测。

为了保证"祝融号"在复杂的火星环境中顺利完成预定任务，"祝融号"火星车采用了不少"黑科技"：

首先，为应对"极热"和"极寒"两种严酷环境，"祝融号"火星车采用了一种被称为高性能纳米气凝胶的新型隔热保温材料，密度比空气还轻，极大地减小了火星车的负担。它既能阻隔火星表面低至 $-120\,^{\circ}\text{C}$ 的极寒环境，又能阻隔着陆发动机产生高达 $1200\,^{\circ}\text{C}$ 的高温热流，保护着陆平台的正常功能。

其次，除装有太阳能电池板外，"祝融号"顶部还装有一个像双筒望远镜样子的设备（集热窗）。它可以直接吸收太阳能，然后利用一种叫作正十一烷的物质储存能量。白天火星温度升高，这种物质吸热融化；到了晚上温度下降，这种物质在凝固的过程中释放热量，效率可以达到80%以上。

再次，火星地形复杂，既有松软的沙地，又有密集分布的石块，为了提高火星车的通过能力，我国打造出人类第一辆主动悬架火星车。它在遇到复杂地形时可以把整车底盘提高，便于越过障碍。使用六轮转向之后，火星车还可以蟹行运动，即可以实现横着走。

最后，"祝融号"火星车能根据火星表面环境状况，采用不同的工作模式。例如，阳光最好的午后，可以采用正常工作模式，并储存一些电能；阳光不好或有沙尘暴时，可减少一些工作设备的工作；阳光很差或进入夜晚后，可进入安全模式。

3.2.5　木星——地球的守护神

和我们生活的地球相比，在火星轨道以外，外太阳系展现了一个完全不同的宇宙环境：巨大的气体球、奇特的卫星、复杂的光环。

木星是太阳系的第五颗行星，夜空中第三亮的天体（位于月亮和金星之后）。它是太阳系最大的行星，质量相当于318个地球，比太阳系其他所有行星质量总和的2倍还多；其半径约为地球半径的11.2倍，体积差不多1400个地球大，地球在木星面前，就像一个玻璃弹珠放在一个篮球前。

木星是一个主要由氢和氦组成的气体球。因为没有固体表面，不同部位的木星气体可以独立移动，从而表现出"较差自转"——不同地方的自转速度不同（这对固态天体的类地行星是不可能的）。木星是太阳系自转速度最快的（自转周期9小时50分30秒），这使木星的赤道半径明显超出极半径（约6.5%）。

变幻莫测的木星大气

根据对木星的观测（反射光光谱研究、射电、红外波段、紫外波段等），天文学家了解到木星大气组成：含量最多的是氢，占86.1%；其次是氦，占13.8%，也就是说，两种气体组成了超过99%的木星大气，这源于木星强大的引力作用（超大质量的木星引力足以保留像氢气这样轻的气体），自从形成以来，几乎没有原始大气逃逸。

木星表面有两个非常显著的特征：一是变幻莫测的平行于赤道的彩色云带，二是椭圆形的大红斑（图3.9）。木星大气外观上呈现的横贯行星的一系列亮带和暗带与行星大气的垂直对流有关，就像在地球上，风倾向于从高压地区吹向低压地区，而木星的快速自转使这些风成为一个全球性的东西流动模式（纬向流动）。

木星云层排列成3个主要层：雾霾下方是白色的束状云层，温度为 –148~–123℃，由氨冰组成；氨云下方几千米（温度超过 –73℃）云层可能主要由硫氢化氨晶体的液滴组成；在大气深层，对流层顶部以下约80千米处，是水冰云或水蒸气云构成的最低云层。许多行星科学家认为，木星含有的硫元素或者可能是硫分子本身，对决定云的颜色而言是非常重要的——特别是红色、褐色、黄色，所有的颜色都和硫及其化合物有关。另外，含有磷元素的化合物可能也有助于给木星"着色"。同时，云的化学变化是复杂的，对大气条件的微小变化（如压力、温度、化学成分等）是高度敏感的，大气层不断地翻滚搅动会造成不同位置、不同时刻的环境变化。此外，行星自身热量、太阳紫外线辐射、行星磁层极光、云内闪电放电等，所有这些因素共同影响并形成了木星大气的整体外观。

除了纬向流动，木星大气还有许多"小规模"的天气模式。最典型的就是大红斑（图3.7），由17世纪英国物理学家罗伯特·胡克最早发现。大红斑显示出许多颜色，包括浅黄色、浅蓝色、深褐色、大红色。观测表明，大红斑是一个缠绕、循环的风区，就像地球上的漩涡或飓风。大红斑的尺寸在改变，直径是地球直径的两倍左右，这也更突出木星之大。

图3.7　木星和大红斑（图源：摄图网）

关于大红斑的红色和能量起源还不能确定。观测表明，环绕大红斑的气流为逆时针方向，而大红斑的中心外观上保持相当的平静，就像地球的飓风眼。大红斑北部的纬向运动向西，南部向东，这支持了大红斑是被纬向流限制和驱动的推测。然而，科学家对它是如何被限制的细节，仍然只有一个大概猜想。

木星的卫星

木星不仅是太阳系中最大的行星，还是太阳系卫星数量最多的行星，加上史密森尼天体物理天文台最新发布的12颗卫星，木星卫星的数量达到92颗。随着到木星距离的增加，卫星的密度逐渐降低。木星卫星系统中最大的四个成员被称为伽利略卫星，其他小卫星的直径均小于300千米，大多数不到10千米。

木星的卫星——伽利略卫星

木星卫星系统中最大的四个成员，是1610年意大利天文学家伽利略用望远镜首先发现的四颗木星卫星。每一颗伽利略卫星的大小都可与月球相媲美。按照离木星由近到远的顺序，分别为木卫一、木卫二、木卫三、木卫四（埃欧、欧罗巴、佳利美德和卡利斯多），它们都以近圆轨道环绕木星公转。

根据埃里克·蔡森与史蒂夫·麦克米伦的《今日天文太阳系和地外生命探索》给出的伽利略卫星的一些属性（表3.2），三颗伽利略卫星的轨道周期有一个惊人的巧合：几乎完全精确地呈现出1∶2∶4的比例（第四颗卫星木卫四离这个序列中的"8"也不太远）——伽利略卫星系统中的三体（甚至四体）共振是在类地行星世界中所没有的。

表3.2 木星的主要卫星——伽利略卫星

名称	到木星距离（千米）	轨道周期（天）	最大直径（千米）	质量（月球质量）	密度（千克/立方米）
木卫一	422000	1.77	3640	1，22	3500
木卫二	671000	3.55	3130	0.65	3000
木卫三	1070000	7.15	5270	2.02	1900
木卫四	1880000	16.7	4800	1.46	1900

木星的伽利略卫星与类地行星有一些相似之处：轨道都是顺行的，即与木星的自转方向相同，大致呈圆形，靠近木星的赤道平面。大小范围从略小于月球（木卫二）到略大于水星（木卫三）。许多天文学家认为，木星和伽利略卫星的形成可能在一个较小的规模上"模仿"了太阳和行星的形成。所以，对伽利略卫星系统的研究可以为我们提供有关地球的形成过程的信息线索。但有些伽利略卫星的属性与内太阳系不同，比如，被木星强大的潮汐场锁定，全部四颗伽利略卫星都为同步自转的状态，使它们永久保持一面指向它们的母行星——木星。而类地行星中只有水星受到太潮汐力的较大影响，但它的轨道是不同步的。

（1）木卫一：最活跃的卫星。木卫一是密度最大的伽利略卫星，是整个太阳系中地质最活跃的天体。如图3.8所示，木卫一表面呈现拼贴的红色、黄色和黑褐色——酷似一块巨型比萨饼。木卫一的颜色主要来自硫和硅酸岩浆。绕行木星的"伽利略号"探测器（NASA在1995年发射的木星探测器，2003年完成使命坠入木星）掠过木卫一时发现：木卫一有活火山。"旅行者1号"（无人外太阳系空间探测器，距今离地球最远的人造卫星。截至2023年1月1日止，"旅行者1号"正处于离太阳237亿千米的距离）掠过木星时曾拍下8个火山爆发。在"旅行者2号"4个月后通过木星时，有6个火山仍在喷发。"伽利略号"到达时，一些"旅行者号"所观察到的喷发已经消退，但拍摄到很多新的火山喷发——事实上，

"伽利略号"发现,木卫一的表面特征可以在短短几个星期内显著改变。至今,人类已经在木卫一上确认了总计超过 80 座活火山。最大的叫洛基山,能释放出比地球上所有火山释放的能量总和更多的能量。

图 3.8　木星和木卫一(图源:摄图网)

著名的木卫一有太阳系任何已知天体中最年轻的表面。它不寻常的表面之所以能常保年轻,正是因为它有活火山系统。木星强大的重力潮汐不停搓揉木卫一,造成木卫一变形所产生的摩擦在其内部产生大量的热,使岩浆从表面喷发出来。木卫一的火山极其活跃,有些岩浆更是极为炽热。直接围绕火山的橙色最有可能是喷出物质中的含硫化合物造成的。

木卫一的表面与其他伽利略卫星的表面形成鲜明的对比,既没有陨石坑,又不布满条纹,反而是异常光滑的,大多数地方的高度变化小于 1 千米(虽然一些火山有几千米高)。这种平滑显然是熔融物不断填充任何"凹痕和裂纹"的结果。木卫一也有一层较薄的临时大气层,主要由二氧化硫组成,推测是因火山活动喷出气体而形成的。

所有的伽利略卫星轨道都在木星磁层内,都对改变磁层的性质做出了"贡献",但木卫一的"贡献"显著。虽然木星层中的许多带电粒子来自太阳风,但强有力的证据表明,在内部区域,木卫一的火山活动是重金属离子的主要来源。木星的磁场不断地扫过木卫一,收集其火山喷到太空中的颗粒并将其加速,其结果便是形成木卫一的等离子体环面。对飞船(无论是载人的还是无人的)而言,等离子体环面是非常可怕的,它拥有致命的辐射强度。

是什么原因导致木卫一惊人的火山活动?

这颗卫星质量和半径与月球非常相似,不可能有类似地球上的地质活动。按说木卫一应该早就"死"了,就像月球。有一段时间一些科学家曾认为,木星的磁层可能是罪魁祸首。

他们认为也许是某些（当时未知的）过程创建了等离子圆环，压迫了卫星。现在我们知道，木卫一真正的能量来源是木星的引力，木卫一的轨道非常接近木星，距这颗星球的中心只有 5.9 个木星半径。因此，木星的巨大引力场在卫星上产生了强烈的潮汐力。如果木卫一是木星系统中唯一的卫星，那么它早就进入与该行星同步旋转的状态，就像月球与地球。在这种情况下，木卫一将沿一个完美的圆形轨道运行，一侧永久朝向木星，潮汐隆起在该卫星上将固定下来。但木卫一并不孤单。在它进行公转时，不断被距其最近的邻居——木卫二的引力拖曳。虽然拖曳力很小，不足以引起任何大的潮汐效应，但这种拖曳足以使木卫一的轨道略微偏离正圆，以防止卫星运行到精确的同步状态。出现这种结果的原因与水星的情况是完全一样的。另外，该卫星的速度随着它绕行星运动从一个地方到另一个地方不断发生变化，但它绕其自转轴自转的速率保持恒定。因此，它不能保持一侧总朝向木星。相反，从木星上看，木卫一会发生摇摆或"摆动"。但是，大的潮汐隆起（约 100m）总是直接指向木星，随着该卫星的摆动在木卫一表面来回移动。这些相互矛盾的力量造成巨大的潮汐应力，不断扭曲和挤压木卫一的内部。

正如被反复来回弯曲的一段导线可以通过摩擦产生热量一样，木卫一内部的扭曲和挤压也持续驱动着该卫星放热。木卫一内部产生了大量的热，最终造成巨大的气体和熔岩流喷出该卫星的表面。"伽利略号"的传感器显示，喷出的物质温度极高。木卫一的内部很可能是软的或熔融的，只有相对较薄的固体壳层覆盖其上。研究人员估计，木卫一内部由于潮汐力扭曲产生的总热量约 1 亿兆瓦。这些现象使木卫一成为太阳系中最迷人的天体之一。

（2）木卫二：被冰封的液态水。木卫二轨道位于木卫一外面，距离木星约 9.4 个木星半径，是一个与木卫一完全不同的世界。它的表面有相对较少的陨石坑，表明它的地质很年轻——也许只有几百万年，而最近的地质活动抹去了陨石撞击留下的痕迹。木卫二的表面还出现一个庞大的纵横交错、明亮清晰的水冰区域。

行星科学家们推断木卫二可能完全覆盖着液态水，其顶部因为远离太阳在低温下冻结。而"伽利略号"的高分辨率观测显示木卫二表面看起来像冰山的东西——又平又大的冰块被打碎，移动了几千米并重新组合。科学家估计木卫二表面的冰可能有几千米厚，它下面有可能是 100 千米深的液态海洋。在木卫二表面的其他地方，"伽利略号"发现了与地球上的熔岩流意义相当的、似乎是冰的东西——水呈"火山喷发"式穿过其表面，并在固化前流淌了数千米。木卫二上撞击坑的稀缺意味着造成这些地貌的活动过程并非在很久以前就停止了，相反，这些过程必然还在进行中。

观测表明，木卫二有一个不断改变方向和强度的弱磁场，这说服了不少持怀疑态度的科学家相信木卫二上确实有液态海洋。原因是该磁场是木星的磁力作用在木卫二表面下约100千米的导电流体壳层（地面观测所发现的含盐的液态盐水层）而产生的。"在其表面冰层下，木卫二有一个广阔的液态水层"——这个假设引起许多关于木卫二是否可能存在生命的大胆猜测。

在太阳系的其他地方，有液态水在其表面或表面附近存在的天体只有地球。大多数科学家都承认，液态水对地球上生命的出现起到了关键作用。木卫二可能含有比地球还多的液态水。当然，液态水的存在并不一定意味着生命的出现。木卫二甚至包括液态海洋，但与地球相比，那里仍然是一个充满敌意的环境（最近的实验室研究表明，木卫二黑暗、寒冷的深处所发生的冰化学反应，进行的速度可能比我们此前认为的速度要快得多），然而，木卫二上有生命存在的可能性（虽然很微小）是一个重要的激励因素，让科学家们决定将"伽利略号"的任务期延长6年。

（3）木卫三和木卫四：双胞胎卫星。最外面的两颗伽利略卫星是木卫三和木卫四。它们的密度都只有约1900千克/立方米，这表明它们内部含有大量的冰，而不只是表面上覆盖着薄的冰或雪。

木卫三是太阳系最大的卫星，不仅超过月球，也比水星大。美国的"朱诺号"木星探测器拍摄的图像显示木卫三的表面上有许多撞击坑，以及深色和浅色斑纹形成的图案，让人想起月球上的高地和月海。事实上，木卫三的历史与月球有许多相似之处（如果将月岩换为水冰的话）。图像中清晰可见的较大的暗域是木卫三表面最古老的部分，就像月球上的高原是其原始壳层一样。随着年龄的增长，微陨石尘埃慢慢覆盖，表面变暗。木卫三的浅色区域分布着少量的陨石坑，所以它们必然是年轻的，它们可能与月球上月海的形成方式类似。激烈的陨石撞击造成了液态水（月球上的熔岩在木卫三上的对应物）从内部涌出，在固化前覆盖了受影响的区域。

木卫三并不是所有的表面特征都可与月球类比。它有一个槽和脊系统，很像地球表面的板块边界经历的造山运动和断层。由此天文学家推测，木卫三似乎有一些早期的板块构造活动，但进程停止在约30亿年前。当时，冷却的壳层变得太厚，使板块构造活动无法继续。"伽利略号"的数据表明，木卫三的表面可能比以前认为的更古老。

1996年，"伽利略号"观测到有一个弱磁层环绕木卫三，这是首次在太阳系的卫星系统中观测到磁场，意味着木卫三有一个含铁的核心。木卫三的磁场强度是地球的1%左右。2000年12月，磁力测量小组报告了类似木卫二的磁场强度的波动，这表明在木卫三的表面下，也可能有液态的或者也许是"泥泞的"水。对木卫三表面类似于木卫二上流动的水造成的"熔岩"结构的观测也支持这一观点。

木卫四与木卫三在外观上有许多方面都很相似,虽然它的陨石坑更多、断层线更少。木卫四最明显的特征是一座巨大的同心山脊,围绕着两个大盆地。两个中较大的一个在木卫四面向木星的一面,被命名为"瓦尔哈拉",其尺度约 3000 千米。山脊就像一块石头击中水后产生的"涟漪",但在木卫四上,它们可能是由小行星或彗星的一次灾难性撞击导致的。向上冲的冰部分融化但凝固得很快,在涟漪还没有机会消散前就凝固了。如今,无论是山脊还是壳层的其余部分,都是寒冷的冰,并没有明显的地动迹象。显然,木卫四在板块构造或其他活动开始之前就凝固了。瓦尔哈拉盆地撞击坑的密度表明它形成于很久以前,也许是 40 亿年前。然而,即使是这个冰冻的世界,"伽利略号"的磁力探测仪也得到了线索,暗示在木卫四表面下的深处可能有一层薄薄的水层或者更可能是淤泥层。

木卫三在过去的某段时间里是熔融的,而木卫四显然从来没有熔融过。研究人员无法确定为什么如此相似的两个天体的演化进程却如此不同。对于伽利略卫星 1∶2∶4 的接近共振,一些天文学家推测,前面提到的内卫星之间的相互作用,或许能为此"负责"。

木星的卫星——其他小卫星

在木卫一的轨道内部有四颗小卫星,最大的是木卫五,由爱德华·爱默生·巴纳德于 1892 年发现,形状不规则。四颗内卫星有着近圆形、顺行的轨道,受木星强大的潮汐力场作用,它们都是同步自转的。

木星其他的小卫星位于伽利略卫星的轨道以外,大多数被发现于 20 世纪 90 年代后期。这些外卫星比较相似,都很小——大部分尺度小于几十千米,是逆行的,绕行星的轨道也很远,而且它们的质量以及密度是未知的。然而,它们的外观和大小暗示其成分不像更大的伽利略卫星,而更像小行星或彗星。大多数天文学家认为,这些卫星不是与木星一起形成的,而是在木星和其较大的内卫星最初形成后的很长一段时间内,被木星强大的引力场捕获的天体。

3.2.6 土星——最具人气的行星

土星一直因其美丽的土星环而闻名。在天体观测中最受欢迎的就是土星了。使用小型的天文望远镜就能够直接观测到土星,所以,如果有条件的话你一定要看看。土星的直径约为地球直径的 9 倍(太阳系内仅次于木星的第二大行星),质量约为地球质量的 95 倍,是一个巨大的气态行星。但天文望远镜里的土星看起来很小、很可爱,这可能也是它具有较高人气的原因。

迷人的土星环

土星在外观方面最有特色和最著名的,当然是它的行星光环系统。现在天文学家了解到,所有的类木行星都有光环,但土星的光环最亮、最广阔、最美丽。

第一个使用天文望远镜观察土星的是意大利天文学家伽利略(1564—1642)。伽利略当时的记录称,土星上有着花瓶把手一样的东西。这是因为伽利略观察到土星的时候,碰巧是土星环倾斜角度最大的时候,因此土星环看起来就像土星上的一个巨大把手。

1675年,天文学家乔凡尼·多梅尼科·卡西尼发现了光环的第一个特征:一条暗带,距离内部边缘约2/3的距离。从地球上看,暗带看起来像一个光环上的缝隙(现在我们知道,其内部实际上有一些发光物质)。这个"缝隙"被命名为卡西尼环缝,以纪念它的发现者。更为仔细的观测表明,内侧的"光环"实际上也由两个光环组成。如今,由外向内,三个光环被称为A环、B环和C环。三个主光环中,B环较亮,其次是有些暗淡的A环,最后是几乎半透明的C环。卡西尼环缝介于A环和B环之间,A环的外侧是窄得多的恩克环缝。这些光环特征在图3.9中清晰可见。

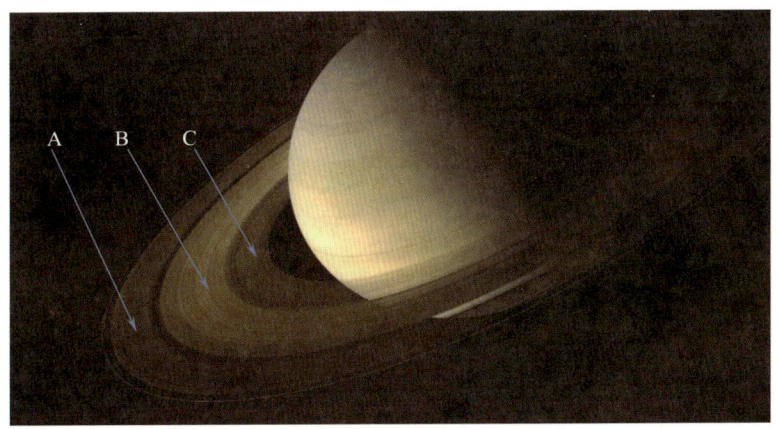

图3.9 土星和土星环(图源:摄图网)

土星光环是由什么组成的呢?这个问题困扰了地球上最好的科学家和数学家近两个世纪。到19世纪中叶,各种动力学和热力学的证据已经证实:光环不可能是固体、液体或气体。那到底是什么? 1857年,在观测了固体的光环会变得不稳定、最后破碎后,苏格兰物理学家詹姆斯·克拉克·麦克斯韦提出，光环是由大量的小颗粒组成的，所有的颗粒都围绕土星旋转，就像许多小卫星一样。这一猜测于1895年被证实。是什么样的颗粒组成了光环？它们反射了大多数（超过80%）照射到它们的阳光，这个事实暗示天文学家——它们都是由冰构成的。20世纪70年代的红外观测证实了水冰确实是光环的主要组成部分。雷达观测和之后的"旅行者号"与"卡西尼号"对其散射的太阳光的研究表明，颗粒的直径范围从几分之一毫米到几十米，大多数颗粒的大小（和成分）类似地球上的一个大雪球。"卡西尼号"发回的照片中有数千个狭窄的小环，环的宽度超过20万千米，却非常薄。

光环为什么这么薄？现在我们知道，光环真的很薄。根据"卡西尼号"的测量，它的平均厚度仅有10~15米，最薄的地方厚度不过3米。土星可以透过它们被看到，就像汽车大灯穿透一场暴风雪。至于光环为什么这么薄？光环颗粒之间的碰撞倾向于让它们都在一个单一的平面内以圆形轨道移动。任何粒子如果试图偏离这种有序的运动，就会发现自己运行到了其他光环颗粒的轨道上，并很快与其他粒子相撞。在很长的一段时间内，不断发生的碰撞使所有颗粒保持在圆形、平面的轨道上运动。

这些颗粒为什么会形成光环？首先考虑一颗小卫星在轨道运行接近一个巨大的行星（如土星）后的命运。卫星因内在的力（引力）凝聚成一个整体，当我们假设它更接近行星时，作用在其上的潮汐力会增加，效果是沿指向行星的方向拉伸该卫星，创建一个潮汐隆起。潮汐力随卫星到行星距离的减小而迅速增加，因此，随卫星被拉近行星，它到达了一个临界点——倾向于将其拉伸的潮汐力大于将其凝聚成整体的内在力。在这一点上，卫星被行星的引力撕碎，卫星的每个碎片都沿着自己独立的轨道绕行星公转，最终一路扩散成环绕行星整整一周的光环。

对于任何给定的行星和卫星，卫星在其内部会被破坏的临界距离被称为潮汐稳定极限或洛希极限，以19世纪的法国数学家爱德华·洛希的名字命名，他第一个计算出这个极限。作为一个经验法则，如果我们假设的卫星由自身引力凝聚在一起，其平均密度可以与其母行星相比（对土星较大的卫星而言，这样的近似是恰当的），那么洛希极限大约是土星半径的2.4倍。因此，对于土星，没有卫星可以生存在距其中心14.4万千米的范围内——这个范围超出了A环外缘约7000千米。土星主要的环都在土星洛希极限内的区域。

土星光环的起源是怎样的？土星光环被认为有两个可能的来源。一种观点是，天文学家估计光环物质的总质量不超过10^{15}吨，足以形成一颗直径约250千米的卫星。如果这样的卫星误入土星的洛希极限内或者在附近被破坏（可能因为撞击），就可能形成一个光环。另一种观点是，光环代表遗留下来的46亿年前土星形成阶段的材料。在这种情况下，土星的潮汐场防止任何卫星在洛希极限里面形成，所以自那时起，这些物质便开始保持为一个环了。哪种说法是正确的？如果土星环是在太阳系形成之时，也就是在46亿~40亿年前形成的话，那么受到辐射的影响，它应当已经发黑了。但土星环仍旧闪耀着白色的光芒，这也为"土星环是最近才形成"的这一理论提供了有力证据。对许多研究人员而言，观测到的土星光环的动力学活动表明光环很年轻，也许不超过5000万岁。

当然，争论也有很多，比如光环能否数十亿年一直保持稳定？这涉及的因素较多，所以一般认为，它们不是从土星形成阶段遗留下来的。如果的确如此，那么可能光环被不断补充——也许是陨石撞击土星的卫星形成的碎片，或者较大的卫星上的活动；也可能它们是一个相对较近的、灾难性地发生在土星系统中的事件（如一颗小卫星被一颗大彗星甚至另一颗卫星撞击）的结果。

然而，观测结果表明不同的光环可能有不同的年龄，甚至可能以不同的方式形成。直到现在，形成土星光环系统的细节还没有得到很好的认识。

土星环会一直存在吗？事实上，它们正在消失，存在其中的小卫星也是如此。有研究表明，它们或会在1亿年内消失。在重力的作用下，土星环可能被拉入土星，形成一场尘埃大小的冰粒雨。

神秘的土星卫星

土星的神秘远不止它那壮丽的光环。在所有行星中，土星有最广泛并且在许多方面是最复杂的天然卫星系统。这颗行星拥有82颗奇异的卫星，分为三个群体。第一个群体有许多"小"卫星，大多是形状不规则的大冰块，直径全部小于400千米，表现出令人眼花缭乱的各种复杂的运动。第二个群体包括六颗"中型"卫星（直径为400~1500千米），呈球形、直径范围大的提供了包括土星环境在过去和现在的状态的线索，同时还对它们本身的外形和演化历史提出了许多难题。第三个群体是土星的一个单独的"大"卫星——土卫六，直径为5150千米，是太阳系中的第二大卫星（木卫三稍微大些），大气密度可与地球相比，其表面环境可能有利于生命存在。

"卡西尼号"传回的数据让人们了解了关于土星卫星的许多信息。尤其是土星最大的卫星——土卫六，它是一颗比我们的月球还要大得多的冰雪世界，一直以来都以其稠密、朦胧的大气层和甲烷海而闻名，因拥有"大气卫星"的身份而广受关注。但近些年来，最为吸引研究者们的却另有他"星"，那就是土卫二这颗过去默默无闻的卫星。它是一颗明亮的白色冰球，其冰冷的外壳内包裹的是液态海洋，水柱从南极附近的裂缝中不断喷涌而出，类似火山喷发，土卫二的冰火山是太阳系最为壮观的。有人预测，土卫二的内部可能存在海洋，有生命在其中存在。土卫十八坐落于其光环之中，以看起来似意大利方饺而闻名，而土卫十看起来则像颗"肉丸子"。

关于土星卫星系统依然有很多悬而未决的问题，比如下面这些：

土星的卫星多少岁了？它们是同时产生的吗？大多数行星的卫星形成的时间都和太阳系其他天体一样久远。尤其是木星、土星那些较大的卫星，表面布满了久远历史留下的陨石坑。但是有研究者指出，土星的一些卫星可能比较年轻，它们仅有1亿年甚至是更短的历史。科学家依据卫星的轨道来判断它们的年龄。行星与卫星间的引力犹如拔河赛，经过一段漫长的时间后，卫星轨道会被逐渐推向远离行星的宇宙空间（就像每年月球远离地球一样）。研究还指出，如果土星的卫星像太阳系一样老，那么靠近土星环的卫星此时应该被推得很远了。然而，这个结论与土星卫星的表面特征所表现出来的年龄相互冲突。

土星的卫星是同时产生的吗？答案是否定的。如今仍有许多小卫星在土星环边缘外形成。其中一些卫星，包括最小最靠近土星的土卫一，有可能比我们之前所想的更年轻。它的构成材料包含环绕土星的彗星和小行星的碎片，或者有一些早期卫星由于碰撞或者被引力迁移而太过于接近土星，被它强大的引力撕成了碎片。

还有理论说太阳系形成后10亿年左右，行星位置发生了重排，导致行星周围形成了大量小天体。它们随着引力作用被抛得到处都是并不停地发生碰撞，使其成为新卫星的好材料。比如表面布满"青春痘"的土卫九可能就来自很远的地方，在某个时间点被土星引力捕获。构成土卫九的原料来自太阳系遥远的边缘，这远远超出了土星的范围。同时，它的环绕距离远比其他卫星远，而且和其他卫星相比，它反方向围绕土星运转——也就是我们常说的"逆行轨道"。另外，它相对于土星赤道也有一定的倾斜角，种种迹象都表明它是一颗被捕获的卫星，而非与其他卫星一起形成的。

为什么有的卫星拥有液态水海洋而有的则十分干旱？这就不得不提到卫星的年龄了。"卡西尼号"探测器长期近距离探测揭示出土卫二、土卫六拥有液态水海洋，而土卫四可能也拥有液态水海洋。但是为什么土卫一没有？它与土星的距离比土卫二更近，更容易受到引力变化的影响，从而使其内部产生足够的热能维持体内液态海洋的存在。

如果土卫一是一颗十分年轻的卫星的话，就不难解释它为什么十分干旱了。行星科学家马克·内沃在2020年《自然》周刊天文版发表的论文指出：土卫一可能还不到10亿岁，它形成于土星光环中的疏松物质。在这个假设下，当碎片合并成为土卫一时，它已经于先前的几十亿年中逐渐失去了放射热（由于岩石中特定化学元素成年累月的核衰变产生的热量）。这使土星的拉力永远无法让冰冷而结实的土卫一表面软化，并加热到足以化冰成水、形成液态海洋的程度。

土星卫星上的海洋与地球上的类似吗？海洋中有生命的存在吗？土卫二的海洋是咸的，水中的含盐量证实了海水可能正在与卫星的岩石核心发生着化学反应，使这片海洋能孕育简单生物的可能性增加。在地球上，这种反应为生活在海平面之下几英里黑暗海床之上的生物提供了能量与养分，使他们繁衍生息。土卫二上也会发生同样的事情吗？现在还不得而知。

我们尚未知道土星卫星里的海洋是否具备维持生命所必需的组成部分，但是一些有趣的迹象表明它们可能具备。土卫二是 NASA 寻找地球以外的生命的首要目标之一，因为它似乎具备形成生命的最重要的条件：正确的化学成分（如碳或氢）、可用能源和液态水。2015 年，当任务接近尾声时，NASA 的"卡西尼号"宇宙飞船飞经土卫二喷出的水柱时探测到氢分子，这有助于加强土卫二的宜居性，因为氢是地球上热液喷口附近生长旺盛的生物的重要食物来源。

土卫六内部有海洋，而且有稠密的富含氮的大气层，以及复杂的碳化学成分。它可能是一个生命化学的神奇的天然实验室。

3.2.7　天王星——有"诡异磁场"的行星

天王星是 1781 年由英国天文学家威廉·赫歇尔发现的。当时，威廉·赫歇尔正在从事观测暗星绘制星图的工作。在夜空中，他注意到一颗看上去很奇怪的天体，将其描述为"一个奇怪的东西，像云雾状恒星或者一颗彗星"。接下来的观测表明，两者都不是。在威廉·赫歇尔的 15 厘米望远镜中，它呈现为一个小圆盘的形状，相对于恒星有移动，但与彗星相比，它又"走"得太慢了。威廉·赫歇尔意识到，他已经发现了太阳系的第七颗行星。这是 2000 多年来第一次发现新的行星。该事件在当时引起了轰动。据说，威廉·赫歇尔的第一反应是将这颗新行星命名为"Sidus Georgium"（拉丁语为"乔治之星"），因为他的国王是英王乔治三世。不过，另一位天文学家约翰·波得反对用乔治的名字来命名一颗行星，他提出了一个更好的建议，以传统的方式，也就是使用希腊罗马神话中的名字来给行星命名，于是这颗行星被命名为"乌拉诺斯"——天神宙斯的祖父，是天空之神，因此中译名为"天王星"。图 3.10 展示的是天卫二在太阳系外层空间围绕天王星运行。

图 3.10　天卫二在太阳系外层空间围绕天王星运行（图源：摄图网）

天王星其实用肉眼是勉强可见的，前提是能确切地知道它的位置。冲日时，它的亮度刚好亮于肉眼可见的极限，用肉眼看上去就像一颗黯淡的、平凡的恒星。即使在今天，也很少有天文学家能不用望远镜观测到它，通过最大型的地基光学望远镜观测，天王星看起来也仅是一个微小的淡绿色圆盘，几乎没有更多的细节。

奇怪的自转

与其他的类木行星一样，天王星也有一个很短的自转周期，约为 17.2 小时。就像前面看到的，太阳系的每颗行星似乎都有一些突出的特点，天王星也不例外，它是离开太阳的第七颗行星，在赤道上有两组星环。这颗行星的直径约为地球的四倍，它是侧向自转，这使它不同于太阳系中的其他行星。

太阳系行星的自转轴大致垂直于黄道面，但天王星与所有其他的行星不同，它的自转轴几乎位于黄道面内，其黄赤交角约为 98°。可以说，相对于其他行星，天王星是"躺着"自转的。因此，在一段时间内，天王星的北极几乎是直接朝向太阳的。而在半个天王星年后，其南极又会朝向太阳。

天王星特殊的自转轴方向会产生一些极端的季节性影响。在北半球的夏季，北极点最接近太阳时，太阳的高度最高，北极地区的观测者将发现太阳始终不落。相反，它会随着天王星的自转在天空中围绕天王星的北天极绕出一个小圆圈，完成一周（逆时针）需要 17.24 小时。随着时间的推移，随着天王星沿着其轨道公转，其自转轴指向离太阳越来越远，这个圆圈将逐渐增大，太阳每天在天空中的高度也逐渐降低。最终，太阳在一天之中将循环往复地升起和落下。接下来，夜晚将逐渐变长。在夏至点之后的21个地球年之后迎来秋分，这时昼夜等长，均为8.5小时。然后，白昼将继续缩短，直到有一天太阳将无法升起。随后，完全黑暗时期的长度将等于之前完全白昼时期的长度，将北半球带入寒冬。最终，太阳将再次升起，春分以后，白昼会长于黑夜，接下来，观测者会再次经历一个漫长的、阳光暗淡但从不间断的夏季。

从赤道上的观测者的视角来看，相比于两极，夏季和冬季将几乎是同样寒冷的季节，因为太阳从来就不会在地平线上升起得太高。春季和秋季是一年中最温暖的季节，太阳几乎每天都从头顶通过。

天文学家不清楚为什么天王星以这种方式倾斜——要知道，其他行星的自转轴都离开黄道面很远。多年来的主流理论认为，一次在太阳系形成阶段晚期的单独事件导致了这一结果，比如，天王星和另一颗质量是地球质量几倍大的天体发生了擦碰，因而改变了自身的自转轴。然而，计算机模拟显示，如果是这样的话，天王星的卫星系统无法"跟上"这一突变，这些卫星就不会有现在观测到的这样顺行的并且围绕天王星赤道面的轨道。相反，似乎更可能是两次或者多次比较小（但仍然很有力）的撞击，比较"温柔"地改变了这颗行星的自转轴，这样可以让卫星们保持它们的轨道。但问题是，这违背了既定的观点，即这种撞击在外太阳系是罕见的。这也迫使天文学家重新思考太阳系形成的凝聚理论的一些细节。

天王星的磁场

天王星具有相当强大的内部磁场（源于从太阳风捕获的电子和质子，或者从行星本身逃逸的电离氢气体），但因为天王星比地球大得多，在云顶的磁层摊开在比地球大得多的体积上，使其强度实际上与地球磁场相当。但其磁极与地球、木星和土星非常不同，观测发现该行星的磁轴相对自转轴倾斜了约60°。此外，在天王星上，磁场线并不是以该行星为中心，这是因为天王星的磁场虽然像一块条形磁铁，但这个"磁铁"并不是位于行星中央，而是偏离中心大约13个行星半径的距离。

很多年来，我们对天王星的磁场知之甚少，只知道磁场线进出跟地球完全不一样，有的地区强度只有0.1高斯，而有的地区强度超过1.2高斯，看来天王星的确存在着一个神秘的磁场。行星的磁场可以用来抵御太阳风的攻击，以保证行星的大气层和地面不受太阳风的侵害。但最新的研究表明，天王星存在着一个时强时弱的自行切换磁场。天王星的旋转轴倾斜为98°，但其磁场偏离旋转轴，倾斜角度为60°，这颗星球自转一周大约为17.24小时，科学家发现随着自转，它的磁场强度不断切换，周期性地开启和闭合，并具有一定规律性。

通常，一颗行星的磁轴应该大致对准它的自转轴，就像地球、木星、土星和太阳的情况，天王星上这种完全没对准的情况似乎暗示：也许该行星的磁场在磁场反转的过程中被锁住了。或者，这种奇怪的磁场倾斜与天王星的自转轴倾斜是以某种形式相联系的——也许一次灾难性的碰撞同时撞歪了两个轴。然而，这些想法在1989年被证明是错误的，"旅行者2号"发现海王星的磁场也相对自转轴有明显的倾斜，角度达46°，并且大大偏离这颗星球的中心。现在看来，天王星的内部结构不同于木星和土星，这种差异可能改变了行星的磁场。理论研究表明，天王星类似木星和土星，都有岩石核心，并且大小与地球相当，质量约为地球质量的10倍。然而，作用在天王星核心外部的压力太低了，不足以使氢进入金属态，而保持其分子形式进入行星的内核。天文学家推测，在云层下的深处天王星可能有较大的密度，而在较高层中基本没有氦，这就提供了一个厚的、导电的离子层，可以解释天王星和海王星未对齐的磁场，该观点令人信服。

3.2.8 海王星——太阳系最强风暴的产生地

天王星被发现以后，天文学家描绘它的轨道时发现，这颗行星的预测位置总是与实际观测到的位置之间有一个微小的偏差。在天王星被发现半个世纪后，这个偏差已发展到1/4角分，如果被解释为观测误差的话，实在是太大了。合乎逻辑的解释是，一个未知的天体对天王星施加了引力作用——虽然比太阳弱得多，但仍然可以测量出来。那究竟是什么样的天体呢？天文学家们意识到，在太阳系里必然有另一颗行星干扰了天王星的运动。

19世纪40年代，两位天文学家独立解决了确定新行星的质量和轨道难题。英国天文学家约翰·亚当斯在1845年9月解决了这个问题；在次年6月，法国天文学家于尔班·勒威耶得出了基本相同的答案。1846年9月，德国天文学家约翰·伽勒在柏林天文台使用新落成的设备和更精确的星图，在距预报位置1°~2°的地方找到了这颗新的行星。在一些关于命名和荣誉的争论之后，新的行星被命名为尼普顿（Neptune，即海皇波塞冬在罗马神话中的名字，中文译名"海王星"）。现在，亚当斯和勒威耶（但没有伽勒）被认为是海王星的共同发现者。

与天王星不同，遥远的海王星无法用肉眼直接看到，但可以通过一架小望远镜看到。事实上，根据伽利略的笔记，他实际上很可能已经看到了海王星，虽然当时他不知道自己看到的这个小亮点究竟是什么。借助大型望远镜，可观测到海王星为蓝色的盘状。海王星如此遥远，以至于其表面特征几乎不可能被辨别。即使在最好的观测条件下，也只有少数几个明显特征可以被观测到，五彩的云带、浅蓝的色调似乎占据主导地位。从表面上看，海王星类似一个蓝色调的木星（图3.11），这是由少量气态甲烷造成的。

图3.11　海王星（图源：摄图网）

你看过飓风和龙卷风的照片吗？飓风和龙卷风的风速有时可达每小时500千米，并可以摧毁所到之处的所有东西。海王星上的风速经常可达每小时1600千米。地球一样大的飓风风暴在海王星表面经常出现，又很快消失。1989年，"旅行者2号"飞越海王星时发现的大黑斑，当时的深度约5000千米，跨度达10000千米，位于南纬22°。围绕在大黑斑周围的风速经测量高达每小时2400千米，是太阳系中最快的风。4年后，当1994年哈勃太空望远镜再度拍摄海王星的斑点时，大黑斑已经完全消失不见了。然而，另一个几乎相同的斑点涌现在海王星的北半球，被持续观测了数年之久。

是什么造成了这种风暴气候呢？对于海王星风暴的形成，科学家目前还没有得出确定的结论，但应该与其内部自身产生的能量有关。

由于海王星位于太阳系的边缘，它接收到的太阳热量很少，导致其大气层顶端的温度只有−218℃。虽然海王星能够从太阳那里获得少量热量，也像地球一样拥有四季，但是这些热量显然不足以形成一个气候系统。科学家还发现，海王星释放出的能量是其接收到的能量的2.6倍。海王星上的巨大风暴就来自星球内部深处的热能和外部极寒环境的碰撞。

3.3 卫星

我们都知道月亮是地球的卫星，前面也提到太阳系其他行星也有自己的卫星，那什么是卫星，它和地球这样的行星有什么区别？

卫星是围绕行星轨道运行的天然或人造天体，它本身不发光，可以反射太阳光，就像月球一样。但除了月球，其他卫星的反射光都非常微弱。卫星在大小和质量方面相差悬殊，它们的运动特性也不同。太阳系中，除了水星和金星，其他的行星各自都有数量不等的卫星。截至 2019 年 10 月，太阳系发现的卫星总数达到了 205 颗（这个数字无疑会增长）。地球有 1 颗，火星有 2 颗，木星等气态行星拥有的卫星数目十分可观。此外，冥王星、阅神星、妊神星、鸟神星矮行星也有卫星。同时，令人惊奇的是，就连小行星也有可能拥有自己的卫星，如小行星艾达、香女星等。

这些卫星的大小和性质各不相同，从火星上相对较小的土豆状卫星到拥有太阳系中除地球外唯一液态海洋的土星卫星土卫六，这些巨大的类行星的卫星一直以来都为研究人员所关注。比如，包括木卫二和土卫二在内的一些卫星，在它们厚厚的固体冰表面下有液态水的海洋，并在主行星的潮汐力的作用下不断流动。许多研究人员甚至认为，这些卫星上可能存在生命。

卫星是如何形成的呢

关于卫星的许多问题涉及它们的形成和轨道的长期稳定性。木星和土星看起来像小型的太阳系，有许多卫星在规则的、接近圆形的轨道上，同时有更多的卫星在不规则的、偏心的轨道上。这些"不规则"的卫星中有一些可能是在太阳系的其他区域形成的，比如小行星或其他物体，然后才被行星的引力俘获。其他卫星包括月球，很可能形成于混乱的太阳系早期，在那时原行星和较小的物质块疯狂地绕轨道运行，相互碰撞。根据已知证据，科学家们认为一颗巨大的原行星撞击了早期的地球，撞掉了一大块物质，从而形成了月球。小行星的卫星也可能是由它们的主星球形成的，在这种情况下可能不需要碰撞，它们可能只是旋转得足够快，将一些物质抛到轨道上。

每个卫星都能反映其独特的历史和环境，帮助我们理解太阳系的形成和演化。而卫星的化学成分和结构是它们起源的线索，揭示了它们与宿主行星历史的细节。

卫星对主星的影响

卫星的存在会对其主星产生重大影响。来自月球的重力潮汐力正在缓慢地改变地球的自转速率，使我们的一天变长。相似但相对强大的力量将冥王星和它最大的卫星冥卫一锁定在一起，导致它们总是彼此面对。与此同时，其他卫星如火星的火卫一和海王星的海卫一都在衰变轨道上，最终它们的宿主行星的引力将把这些卫星撕成碎片，可能形成类似土星周围的环。

存在系外卫星吗

在太阳系中卫星的数量超过行星，所以在其他恒星系中很可能也是如此。天文学家已经开始寻找系外卫星，现在我们已经知道数千颗系外行星，包括一些"巨大的世界"，一些系外卫星甚至可能适合人类居住，如果它们的主行星围绕它们的恒星运行在一个合理的距离。

类似土卫六或土卫二这样冰冷的系外卫星可能也很常见，但在可预见的未来很难探测到。然而，天文学家可以根据从太阳系掌握的知识进行推断，从而对太阳系外可能有多少系外卫星以及对它们的样子做出科学猜想。

3.4 行星际物质——太阳系的碎片

在太阳系八大行星之间的广阔空间中运行着无数结实的岩石和冰块，它们中大多数体积较小，少数体积巨大。它们都绕着太阳转，许多轨道偏心率很高，这就是太阳系的最后一种物质——行星际物质，也被称为宇宙中的"碎片"，包括巨大的小行星和柯伊伯带天体，较小的彗星和小行星，弥漫在行星际空间中的行星际尘埃颗粒。

较大的天体发生碰撞并分裂成更小的部分时会产生粉尘，然后它们再次碰撞，慢慢变成小碎块，并最终熔入太阳或被太阳风吹走。虽然在可见光波段检测这些尘埃是相当困难的，但红外波段的研究表明行星际空间中包含令人惊讶的大量尘埃。或者说，就类地行星的标准而言，太阳系是一个非常好的真空，但就恒星际和星系际空间的标准而言，则是非常"多尘"的。

3.4.1 小行星家族

我们已经知道，行星是自身不发光、环绕着恒星的天体。一般来说，行星需要具有一定的质量，而且要足够大，以使它的形状大约是圆球状（质量较大的天体受到的引力足够大，才能使它变成一个更圆的形状）。小行星的质量则相对较小，主要由岩石构成。天文学家通常称为"较小的行星"。虽然它们很难用肉眼观测到，但借助天文观测设备，人们如今已经发现约 100 万颗小行星，已知的小行星加起来的总质量也不如月球的质量大，所以它们对太阳系总质量的贡献微乎其微。

小行星带是什么

在火星与木星之间分布着数十万颗大小不等、形状各异的小行星，沿着椭圆轨道绕太阳运行，这个区域被称为小行星带。早在 17 世纪初，开普勒就从"宇宙和谐"的观点出发，认为在火星与木星之间过于宽阔的地带中应当有一颗未被发现的行星。不过，事实证明是那里没有大行星，只有数不胜数的小行星。图 3.12 展示的是太阳系小行星带。

图 3.12　太阳系小行星带（图源：摄图网）

这个太阳系内介于火星和木星轨道之间的小行星密集区域称为主小行星带，距离太阳 2.17~3.64AU。其中天体的公转周期为 3~6 年。到 2020 年，国际天文学联合会官方在册的小行星数量已有 958878 颗，其中 545135 颗获得了永久编号，包含我们非常关心的近地小行星（轨道与地球轨道相交的小行星）22798 颗（其中约 2098 颗对地球有着潜在危险）。小行星的体型差异巨大，最大的小行星是灶神星，直径约 520 千米，最小的直径只有几米。据估算，直径在 1 千米以上的小行星数量或许有几百万颗，体积更小的恐怕真的称得上不计其数了。不过，虽然多，它们质量却很小，天文学家预计主带小行星的质量总和仅有月球的 3%。在小行星带中还有一颗名为谷神星的矮行星，1801 年被意大利天文学家朱塞佩·皮亚齐发现。

尽管小行星带中有几百万（可能几十亿）颗小行星，但它们之间的平均距离约 100 万公里，这意味着航天器可以穿越小行星带而不与任何小行星相撞。小行星带肯定不是《星球大战》之类的幻想小说中描绘的那种密集区域。因为它们的距离较远，站在小行星带上任何一颗小行星上，都可能无法看到其他小行星。

小行星有很多种类型，它们都有各自的特点。除了个头较大的呈球状外，大部分小行星由于个头很小，往往不是圆的，它们的质量不足以形成足够大的引力把自己拉成球状，所以多呈不规则状，有的甚至只有尘埃大小。作为 1998 年第一颗被宇宙飞船环绕的小行星而出名的爱神星，是一个长椭圆状的多坑岩石小行星，因形状酷似香蕉，也被称为"胖香蕉"。

小行星带是如何形成的

小行星通常比彗星靠近太阳的时间更长，所以它们表面附近的大部分冰都消失了。

天文学家曾经一度认为小行星是一颗行星破裂后的碎片，但现在看来，小行星更可能是形成了行星的那类太空碎石，所以小行星带内的小行星是演化失败的行星，而不是炸碎的行星。天文学家已经证实，主带小行星的年龄也有所不同，他们现在已经根据年龄划分了几个小行星群组，维里塔斯小行星家族大约在 830 万年前诞生，最近的群组曼陀罗小行星家族可以追溯到 53 万年前的一次碰撞。

为什么天文学家对小行星如此感兴趣

哈佛 - 史密森尼天体物理中心是一个专注于研究和跟踪小行星以及太阳系中的彗星、卫星和其他小行星的研究中心，也是小行星中心所在地。研究人员对近地天体特别感兴趣，部分原因是近地天体更容易研究，但同时这些天体有潜在的危险。近地小行星是指轨道与太阳最近距离小于 1.3AU 的小行星。其中，运行轨道与地球轨道交叉、直径在 140 米以上的近地小行星对地球安全的威胁最大。地球上的各种陨石坑都是过去撞击留下的伤疤，人们认为，撞击墨西哥尤卡坦半岛导致恐龙灭绝的天体，可能就是直径只有 10 千米左右的小行星。研究表明，即使是直径相对较小的近地天体也能造成较大的破坏。

为了避免这些地外天体撞击地球造成重大生态灾害，多个国家早已采取应对行动。2022 年，NASA 的"双小行星重定向测试"利用航天器撞击一颗近地小行星，以此尝试改变其运行轨道，这是世界上首次旨在防御地球免受小行星撞击威胁的测试任务。

2022 年 4 月 24 日，第七个"中国航天日"上，中国国家航天局首次披露我国着手组建近地小行星防御系统，就改变某颗有威胁的小行星轨道进行技术试验，以应对近地小行星撞击的威胁，为保护地球和人类安全贡献中国力量。

借助专门的近地天体监测望远镜——中国科学院紫金山天文台盱眙观测站近地天体望远镜，一共发现近地小行星 32 颗，最近的一次是 2022 年 7 月 23 日和 24 日观测到的。2022 年初发布的《2021 中国的航天》白皮书指出，我国将在未来 5 年内发射小行星探测器，完成近地小行星采样和主带彗星探测等工作。

地球是我们唯一的家园，近地天体"造访"地球的灾难性后果将是人类难以承受的。虽然天文学家已经排除了全球大灾难的直接危险，但太阳系的不可预测性足以激励他们深入研究存在潜在危险的近地天体，包括那些较小的天体。了解这种风险，弄清楚太阳如何影响小行星，并使它们在轨道上轻微移动，从而改变它们的旋转方式。研究这些影响不仅有助于预测近地天体轨道可能如何变化，而且可能有助于预测未来航天器如何将危险的小行星推离地球。

3.4.2 带"尾巴"的彗星

彗星是宇宙中一种很神秘的天体，是"星际流浪汉"，至今科学家还没有完全认识它的真面目。彗星不仅有一个长长的大尾巴，每次都神不知鬼不觉地出现在夜空上，而且有的彗星个头还特别大，出现时非常引人注目，因此人类很早就有关于彗星的记载。英国著名学者李约瑟曾提到："关于彗星，巴比伦有些楔形文字记录，可追溯到公元前 1140 年。欧洲古代和中世纪对彗星的观测次数也很多。比较起来，中国的记录最为完整。公元 1500 年以前出现的 40 颗彗星，它们的近似轨道大多是根据中国的观测推算出来的。"

现在我们知道，彗星是在扁长轨道（极少数在近圆轨道）上绕太阳运行的一种质量较小的云雾状小天体。

哈雷彗星——造访地球的彗星"明星"

历史上第一个被观测到相继出现的同一天体是哈雷彗星，它是唯一能用肉眼直接从地球看见的短周期彗星，也是人一生中唯一以肉眼可能看见两次的彗星，可以说是最有名的彗星。1705 年，牛顿的朋友哈雷（1656—1742 年，时任英国格林威治天文台台长，也是牛顿旷世之作《自然哲学之数学原理》的出版资助者）提出在 1682 年出现的彗星不是孤立事件。他整理了从 1337 年至 1698 年之间出现的 24 颗彗星的运行情况，发现有三次彗星出现的时间间隔都是 76 年，于是，他发表了一篇文章，在文章里他预测有一颗彗星将在 1758 年出现。到了 1758 年，天空中果然出现了一颗巨大的彗星。但哈雷已经去世了，人们为了纪念这位伟大的天文学家，把这颗彗星命名为"哈雷彗星"。历史记录表明，自从公元前 240 年来，哈雷彗星每次通过太阳时都被观测到了。它最近一次是在 1986 年通过的，而下一次造访太阳系的时间则是 2062 年。在 1986 年回归时，哈雷彗星成为第一颗被宇宙飞船详细观测的彗星，人们由此获得第一手的彗核结构、彗发和彗尾形成机制的资料。

除距离太阳较远时以外，彗星长长的、明亮稀疏的彗尾在过去给人们的印象是彗星很靠近地球，甚至就在大气范围之内。1577 年第谷指出，当从地球上不同地点观察时，彗星并没有显出方位不同，因此，他正确地得出它们必定很远的结论。彗星属于太阳系小天体，每当彗星接近太阳时，它的亮度迅速增强。对离太阳相当远的彗星的观察表明它们沿着被高度拉长的椭圆形轨道运动，而且太阳在这椭圆轨道的一个焦点上，与开普勒第一定律一致。彗星大部分的时间运行在离太阳很远的地方，在那里它们是看不见的，只有当它们接近太阳时才能见到。大约有 40 颗彗星公转周期相当短（小于 100 年），因此它们作为同一颗天体会相继出现。

彗星的外观和结构

图 3.13 显示了典型彗星结构的各个部分。彗核是彗星最主要的呈固态的"身体"，直径只有几千米，即使通过大型望远镜观察，也只能看到一个微小的光点。在其轨道上的大部

分时候，彗星都远离太阳，只有这种冻结的彗核存在。

如图 3.14 所示，当彗星来到离太阳只有几个天文单位时，它冰冻的表面因太热导致一部分变成气态并扩展到太空中，形成弥散的彗发——围绕彗核的尘埃和蒸发的气体（这种固体直接变成气体的现象称为升华）。当彗星接近太阳时，彗发变得更大更亮，在彗发的外面是看不见的氢包层，通常被太阳风所扭曲，伸展开来会跨越上百万千米的空间尺度。

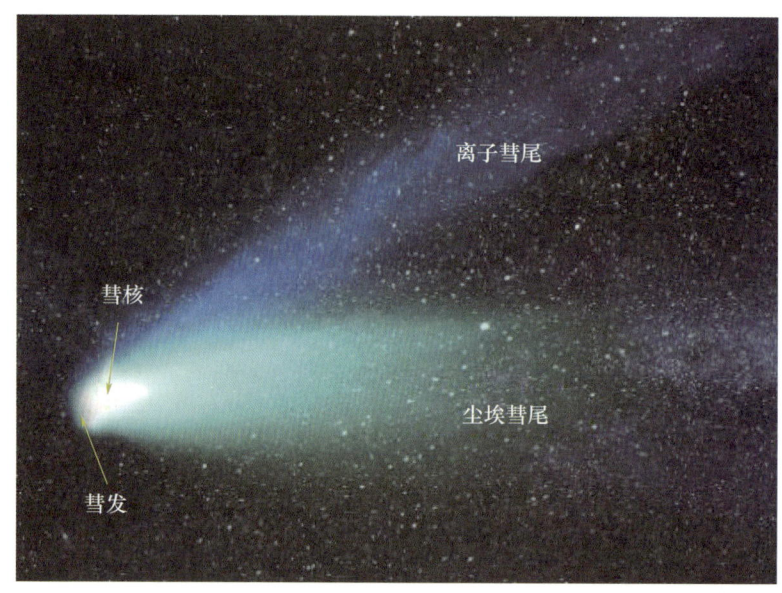

图 3.13　彗星结构（绘图：贾鹏）

图 3.14　彗星轨道示意图（绘图：贾鹏）

彗尾是当彗星最接近太阳时最明显的结构,这时彗核的升华速度达到最大,彗尾的长度甚至可以达1AU。因为太阳风(从太阳上逃逸出的、看不见的物质和辐射流)的作用,慧尾的方向始终背向太阳的。在地球上看,只有一些彗发和彗尾是肉眼可见的。尽管彗尾很长,但彗星大部分的光来自彗发。然而,彗星的大部分质量集中在彗核上。如图3.14所示,彗尾可以被分为两类:比较直的离子彗尾,往往是由发光的呈直线的光束(大量失去了正常电子的电离分子的发射线)组成,包括一氧化碳、氮气、水以及许多其他分子;尘埃慧尾,通常更广阔、更弥散,略有弯曲,其中丰富的微小尘埃颗粒反射阳光,使尾部在远处也可以被看见。

太阳辐射及太阳风是促成彗尾形成的两股原动力,所以彗尾要在彗星接近太阳时才出现,而且彗尾的方向永远背向太阳。当彗星向太阳靠近时,太阳风和太阳辐射将彗发物质吹走,形成背光的彗尾;当彗星向离开太阳的方向运动时,彗发和彗尾收缩。彗核表面物质在接近太阳时不断转变为彗发和彗尾,被太阳风吹散到太空。所以,彗星每靠近太阳一次,就会损失掉相当大的质量,对于距太阳在1AU以内的彗星,其蒸发速度可以高达每秒10^{30}个分子,即在太阳附近(在地球的轨道以内)的彗星每秒钟损失约30吨物质。显而易见,短周期彗星的生命时期是短暂的。天文学家们估计,这样的物质损失情况,甚至在几千个轨道周期里就会破坏一颗大彗星,如哈雷彗星。

我们可以通过观测彗星如何与其他太阳系天体发生作用来推算彗星的质量,或通过测定彗核的大小和假设冰混合物的密度来计算彗星的质量。这些方法推算出的典型的彗星质量范围为$10^{12}\sim10^{16}$千克,相当于比较小的小行星的质量。

"脏雪球"——彗星的真面目

在探寻彗星本身的物理构成时,天文学家发现:即使在原子、分子和尘埃颗粒都蒸发产生彗发和彗尾时,彗核本身仍然保持为寒冷的气体和尘埃的混合物,其密度几乎不超过一个松散堆积密度约100千克/立方米的雪球,温度只有几十开尔文。专家们认为,彗核主要由内部混杂着尘埃颗粒的甲烷、氨、二氧化碳,以及普通水冰的混合物构成。这些成分是外太阳系大部分小卫星的主要组成部分,也正是因为这样的成分,彗星常常被形容为"脏雪球"。

太阳系彗星知多少

彗星神秘的面纱仍然没有完全被揭开。随着科学的不断进步,现在科学家已经知道,彗星大概有三种情况:一是像哈雷发现的那样以椭圆形轨道运行,这种彗星会定期回归;二是以抛物线运行;三是以双曲线轨道运行。那神秘的彗星来自哪里呢?目前认为,回归的彗星来自太阳系边缘的奥尔特云;而有来无回的彗星,很可能是被太阳引力吸引来的,来自太阳系以外的流浪天体。

一个典型的长周期彗星的轨道,只有一小部分在太阳系内,因此,每次当我们看到一颗彗星时,必然有许多相似的彗星在远离太阳系的地方。据此,天文学家估算仅奥尔特云就包含万亿颗彗星,即使在全世界范围内每年发现的平均也只有五六颗。

3.4.3 柯伊伯带天体

在太阳系中,有两个围绕太阳运动的小行星环绕带,一个是小行星带,另一个就是柯伊伯带。小行星带距离地球较近,介于火星和木星轨道之间,目前发现的 98.5% 的小行星均在这里。柯伊伯带(以荷兰裔天文学家杰拉德·柯伊伯名字命名)指海王星轨道以外的太阳系边缘地带,那里充满微小冰封的物体,它们是原始太阳星云的残留物,也是短周期彗星的来源地。

从 1992 年人们找到第一个柯伊伯带天体,如今已有约 1000 个柯伊伯带天体被发现,直径从数千米到上千千米不等。研究者认为,目前观测到的只是一小部分,柯伊伯带中直径超过 100 千米的天体可能超过 10 万个,果真如此的话,柯伊伯带所有的碎片加在一起的质量很可能是小行星带的几百倍,虽然,这和地球质量相比仍然很小。

柯伊伯带最突出的成员——冥王星

冥王星在英语中叫作 Pluto,是冥界之王的意思,取自一个英国的小女孩威妮夏·伯尼所提议的名字。华特·迪士尼将米老鼠的爱犬命名为"布鲁托",也取自 1930 年发现的冥王星。

冥王星赤道直径约为地球的 17.9%,比月亮小,是一个小型冰质天体。它表面温度为 −229℃,距离太阳系中心十分遥远,是一颗极寒之星。冥王星每 248×69 年才绕太阳公转一周。

冥王星是1930年由美国亚利桑那州罗威尔天文台的技师克莱德·汤博（1906—1997）发现的。由于冥王星亮度极暗，运转速度也很慢，在地球上观测时如果不够认真，是很难发现的。克莱德·汤博先面向空中的某个方向拍了张照片，一周之后在完全相同的位置又拍了张照片。对比两张天体照片，他发现有一个模糊的点在星座之间稍微移动了一点。据此，他提出在遥远太阳系的彼岸转动着的一颗未知行星——冥王星。直到2006年8月24日之前，冥王星都被视作太阳系的第九大行星。

冥王星并没有消失，也没有发生变化，它被除名是因为随着冥王星各种细节的揭示，它的行星地位遇到了麻烦——随着观测到的外天体数量的增加，天文学家越来越清醒地认识到，冥王星与其他外太阳系的小天体并没有明显的不同，它仅仅是已知的最大的柯伊伯带天体，与谷神星在小行星带的角色差不多。2002年到2005年陆续发现的柯伊伯带天体创神星、妊神星、鸟神星，特别是2005年发现的比冥王星大的阋神星，使天文学家必须建立新的分类，以反映对外太阳系的新认识。

2006年8月，在捷克布拉格举办的国际天文学联合会（IAU）大会上，首次明确了过去模棱两可的行星定义。按照这一新定义，行星必须满足围绕恒星公转、在自身的影响下保持近于球体的形状、轨道上不能有除卫星以外的其他天体三个条件。冥王星附近存在着的阋神星、妊神星、鸟神星等数个位于海王星之外的天体，不满足最后一个条件。满足前两个条件、不满足第三个条件的天体被称为"矮行星"。也就是这次IAU大会上，经过与会全体天文学家的投票表决，太阳系内从水星到海王星是"行星"，冥王星应划为矮行星，自那时为止，作为太阳系第九大行星，为人熟知的冥王星自行星之列被除名。

2006年举办的IAU大会，也就是决定"冥王星不再是行星"的大会举办仅7个月之前，美国科学家向冥王星发射了探测器"新地平线号"，探测器上还携带着冥王星的发现者也就是确定冥王星是太阳系第九大行星的天文学家克莱德·汤博的骨灰。"新地平线号"经过长达九年半的漫长旅途，于2015年7月14日抵达了最接近冥王星的地点。"新地平线号"传回的图像中最令人惊讶的一点是，冥王星的表面并非人们想象中的和月球一样遍布环形山、地形十分古老，反而有着看起来刚刚形成没多久的平坦地形、冰川地貌，丰富多样，就像地球的表面一样。此外，还发现了高达3500米的山峰。现在科学家还不知道为何冥王星表面会呈现出这些看起来年代很新、类型丰富的地貌。

3.4.4 承载美好愿望的流星

太阳系中除了为数众多的彗星，飘浮在行星际空间的流星体更是无法计数。大概是因为流星总是神出鬼没，没人知道它们会什么时间在什么地方出现，而且流星现身也只是"一瞬"就会消失，所以才有在流星消失之前许愿能够实现的说法。流星是什么？如何才能提高看到流星的概率呢？

流星的前身实际是宇宙空间中直径 1 毫米到几厘米的尘埃。对，你没看错，是尘埃。它们中的大多数就像棉花或房间的粉尘一样轻柔。人们猜测，大多数流星的质量（这可以从它化为流星后在大气层的光能或落到地面的流星陨石估算）不会超过 1 克。那它怎么成为流星的？当这些星际尘埃撞入地球的大气层时，大气层和气化的尘埃就会发光，形成流星。流星可分为偶发流星和流星雨。偶发流星完全不可预测；流星雨则是在某一特定时间、从同一个方向向四面八方散去的。流星雨发射出来的方向称为发射点或辐射点，以发射点位于的星座名称命名流星雨的名字。图 3.15 展示的是 2018 年中国科学院国家天文台兴隆观测站星空上演的双子座流星雨，图中有一架横卧于南北方向的巨大望远镜 LAMOST，中文名称为郭守敬望远镜。

图 3.15 双子座流星雨（图源：中国科学院国家天文台袁凤芳拍摄）

当彗星接近太阳时，轨道上会发射出尘埃，如果尘埃群团和地球轨道产生交集，在地球经过轨道交点时，就会有无数尘埃粒子飞入大气层，形成流星。由于每年地球横穿彗星轨道的时间基本一定，因此，每年在特定时间（某几天）会出现特定的流星雨。

表 3.3 列出的是典型流星雨出现时间。

表 3.3 典型流星雨出现时间

流星雨名称	出现时间	流星雨名称	出现时间
象限仪座	1月2—5日	猎户座	10月18—23日
4月天琴座	4月20—23日	金牛座南	10月23日—次年1月20日
水瓶座 η	5月3—5日	金牛座北	10月23日—11月20日
水瓶座 δ 雨	7月27日—8月1日	狮子座	11月14—21日
摩羯座	7月25日—8月10日	双子座	12月11—16日
英仙座	8月7—15日	小熊座	12月21—23日
天蝎座 κ	8月10—31日		

流星发光时间一般在 0.2 秒左右，这个时间是根本不够许愿的；但天空中有时会划过极为明亮的"火流星"，持续时间可长达 1~2 秒。

3.4.5 神秘的奥尔特云

天文学家在研究彗星来源时，往往要对彗星轨道进行统计分析，从中寻找规律。1950年，荷兰天文学家奥尔特对 41 颗长周期彗星的原始轨道进行统计后认为，在冥王星轨道外面存在着一个硕大无比的"冰库"，或者说是一个巨大的"云团"。这个云团一直延伸到冥王星外离太阳约 22 亿千米远的地方。太阳系里大多数彗星都来自这个云团，因而人们把它称为彗星云或奥尔特云（与此对应，离海王星轨道不远的柯伊伯彗星带被视作太阳系内存在着的另一个彗星仓库，周期短于 200 年的短周期彗星全部来自这个彗星库）。由于离太阳非常遥远，在奥尔特云的位置看不到又大又圆的太阳，太阳真的成了名副其实的"普通一星"，亮度比从地球上看天狼星还暗一些。但奥尔特云离其他恒星远得难以想象，所以得不到任何恒星的光和热，就像一座"冰山"。

由观测到的长周期彗星的轨道特性，研究者得出奥尔特云的直径可能有 10 万 AU，但它仍然受太阳的引力束缚，是已知的太阳系的边缘。

3.5 危险的太空垃圾

太空垃圾是宇宙空间中除正在工作着的航天器以外的各种人造废弃物体及其衍生物，按照科学家专业的说法叫作"轨道碎片"——包括航天器及运载火箭在发射、运行中产生的碎片，报废的卫星、航天器及其组件，火箭、航天器爆炸、撞击过程中产生的固体废物及碎片，还包括各种各样的宇航员生活废弃物等。别小看了这些零零碎碎的太空垃圾，与大于10厘米的太空垃圾碰撞或可"杀死"航天器。

太空垃圾——高空的隐藏杀手

地球高空存在很多人类探索宇宙的过程中，被有意无意地遗弃在宇宙空间的各种残骸和废物，其中飘浮在大气层中的人造航天器碎片不仅数量多，而且运行速度快（达到2.8万千米/小时，是子弹速度的10倍），隐藏着巨大的杀伤力：只要被碎片击中一次，还在使用中的航天器基本就报废了。而一块10克的太空垃圾撞上卫星，相当于两辆行驶速度为100千米/小时的汽车相互碰撞，这会导致卫星在1.5秒内被打穿或直接击毁！

1983年，美国"挑战者号"航天飞船与一块直径为0.2毫米的涂料剥离物相撞，导致舱窗受损，只好停止飞行。1986年，"阿丽亚娜"号火箭进入轨道之后不久便爆炸，其残骸使两颗日本通信卫星直接报废。

太空垃圾不仅给航天事业带来巨大隐患，而且污染了宇宙空间，给人类带来灾难，尤其是核动力发动机脱落，会造成放射性污染。1978年，苏联的一颗核动力卫星因太空碎片的撞击坠毁在加拿大，产生了严重的核污染，此次事件不仅致使多人死亡，而且在公众中造成了巨大恐慌。

近50年来，几乎每年有数百块太空垃圾坠落地球。不过由于在经过大气层时与空气产生急剧摩擦，大部分太空垃圾在未穿过大气层时就自我燃烧殆尽、自我毁灭了。所幸，还未有大型太空垃圾坠落地球。

面对这些危险的太空垃圾,能怎么办

(1)学会躲猫猫。太空垃圾对航天器危害极大,通过精准的监测和轨道计算来提前预警,并让航天器及时变轨来躲避碎片,是最直接的方法。中国、美国、俄罗斯等航天大国均已建立起比较完善的监视系统。

我们都知道,由16个国家和地区的宇航局参与研制的国际空间站,总质量达到460吨,是个真正的庞然大物。为应对危险的太空环境,在美国战略司令部的空军基地记录着一份《宇宙垃圾名录》,上面有所有直径超过10厘米的太空垃圾,用于帮助工作人员判断空间站每天被"击中"的风险有多大。如果判断可能存在危险,工作人员会发出警报,然后由专家们进一步通过计算决定是否需要闪避。如果碰撞概率达到十万分之一,除非和太空任务有冲突,否则空间站就必须避开;达到万分之一时,需要中止太空任务,空间站也必须移动。仅2020年1至9月间,国际空间站就移动了三次。

同样,太空垃圾对中国空间站"天宫"也是不小的挑战。为了应对可能出现的碰撞,中国建立了专门的预警机制,不间断地监控太空碎片,随时准备紧急避险。此外,"天宫"还有一副"钢筋铁骨",通过优选表面材料、改变结构和增加厚度提高航天器抵御太空碎片撞击的能力。在太空站的薄弱部位还安装有防护板,可以遮挡微小碎片对它的撞击。航天器防护屏幕甚至做成了网状,并在防护屏外涂了一层特殊材料,碎片与其发生碰撞时产生的能量会产生爆炸式的化学反应,从而使碎片变成粉末,避免对航天器造成伤害。

(2)变被动防御为主动出击。随着人类的太空探索发展,地球的高空正在变得越来越拥挤,"躲猫猫"的难度也越来越大。同时,由于碰撞引起的"雪崩效应"——每一次太空垃圾的相互碰撞不会互相湮灭,而会产生更多的碎片,已成为新的"大问题"。显然,被动防御不是长久之计,主动清除才是扭转碎片增长的必要措施,为此,科学家们在不断努力。

对于出现故障或使用寿命到期的航天器,运行在高轨道的可以通过遥控改变其轨道,流放到更高的无用轨道——"太空坟场"。而低轨道运行的可以通过地面遥控系统迫使其坠毁在无人区或海洋。我国的"风云"系列通信卫星就为此装备了脱轨遥控系统。2018年,我国首个太空空间实验室"天宫一号"在完成使命后主动离轨,绝大部分器件在空中分解并烧蚀销毁,剩余残骸陨落在了南太平洋中部海域,既没有对地面造成任何威胁,又没有制造太空垃圾。

此外,人类还可以遥控飞行器捕获太空碎片,然后将其集中送到"太空坟场"或拖入大气层烧毁。中国作为《外空公约》的签署国，承诺控制和减少空间碎片，并不停尝试突破空间碎片清理技术。2016 年 6 月 25 日，我国的空间碎片主动清理飞行器遨龙一号随"长征七号"成功发射，并进行了实际操作试验，遨龙一号的机械臂成功抓捕到漂浮的空间碎片和小型废弃卫星。还有科学家提出从地球上发射激光对空间碎片进行照射，从而产生阻力使其减速，达到改变轨迹或坠入地球的目的。太空垃圾处理也达到一些科幻大师的青睐，阿瑟·克拉克在《天堂的喷泉》中想象了一种天基激光发射装置——用装备有高能量激光的太空堡垒扫荡天空，用激光炮将所有垃圾气化。

科学家们其他关于清除太空垃圾的奇思妙想原理都跟上面的差不多，到底哪些方法有效，还有待实践证明。

太空垃圾的防御和治理绝非一家公司或一个国家之事，需要世界各国、各学科展开广泛合作、携手研究，希望科学家能早日想出更好的应对办法，既为人类打开一扇探索宇宙的畅通无阻的大门，又能为子孙后代留下洁净的太空。

3.6 太阳系的边界

太阳系的边界到底在哪里

这是一个难以回答的问题。长期以来，关于太阳系边界的问题，科学家们争论不定。

目前，关于太阳系的边界主要有两种定义：一种是依据太阳风（来自太阳的高速带电粒子流）控制范围定义，即太阳风与星际介质（恒星之间含有的大量弥漫气体云和微小固态粒子）相互作用形成的边界区域，换句话说，太阳风和星际粒子在太阳系的远处相遇并形成边界。另一种是以太阳引力控制范围作为依据，由此得到太阳系边界位于奥尔特云附近。

那太阳系边际又是什么样的呢

我们知道，太阳是太阳系的中心，太阳通过光和热辐射向广阔的宇宙空间输送能量，就像我们冬季用的"小太阳",离它越近就越觉得热,反之离得较远热量就明显减少。在太阳系也是这样,太阳的光和热输送到太阳系边际时已变得十分微弱。所以,太阳系的边际处温度非常低,那里"既暗无天日又冷若冰霜"。同时,由于与星际空间相邻,除了一些冰冻小天体,物质稀薄到近乎真空的程度。

太阳系边际探测

既然太阳系边际暗无天日,物质还稀薄,还要不要进行太阳系边际探测?或者说,探测太阳系边际有没有价值?

答案是肯定的。对太阳系边际这个极远、极寒、极暗的未知区域进行探测,对理解恒星系起源与演化、太阳系外物质组成与特性、日球层太阳风动力学过程等方面具有重要意义;同时,太阳系边际探测涉及多个尖端领域的大量技术难题,将引领人类航天技术迈上新台阶,实现科技水平与创新能力的新提升。

随着人类深空探测能力的不断提升,认识宇宙的手段越来越丰富,范围越来越广,太阳系边界探测已经成为人类航天活动的重要方向,然而,受探测器飞行速度的制约以及木星、土星等天体间相对位置不断变化的影响,抵达太阳系边际需要约30年的时间。因此,实施太阳系边际探测,要边飞边探,途中择机开展外太阳系行星、小天体等目标的探测工作,以提高探测任务的"性价比"。

人类的探测活动,每向太空深入一步,都会极大地刷新我们对宇宙的认知。中国也制定了太阳系边际探测任务目标:

一是日球层鼻尖方向的探测,以揭示太阳风和星际风的相互作用、异常宇宙线的产生机制。

二是日球层尾部方向的探测。探测器在飞抵太阳系边际的途中择机对冰巨星、半人马族小天体等多目标开展探测。

三是日球层极区方向的探测。实现太阳高纬的就位探测及恒星际物质特性探测,开展宇宙线在日球层的全日球循环机理、日球层的外部宇宙物质作用机理等研究。

太阳系边界极其遥远、寒冷、黑暗,充满神秘和未知,是目前人类技术能力的极限。但太阳系边界也蕴藏着重要秘密和宝藏,这里是保护太阳系免遭银河宇宙射线潜在危害的第一道"防线",保留着太阳系诞生早期的信息。对太阳系边界的探测必将开启人类认识宇宙的新窗口。

3.7 太阳系的形成假说

在过去40多年中,行星际探测器大大增加了我们对太阳系的认识,它们返回的数据使我们能够了解行星系统——每颗行星在空间中相对独立;行星轨道几乎是圆形并且几乎位于同一平面;行星的公转轨道与太阳自转方向一致;小行星是古老的,并且表现出与行星及它们卫星不同的特点;柯伊伯带超出海王星的轨道,是冥王星和大量其他冰冷天体的所在地;奥尔特云的彗星是原始的冰质碎片,所有这些观测事实暗示太阳系至少在大尺度具有高度的秩序,它们都指向单一起源——发生在很久以前的单一性事件。

经过几代学者的努力,关于太阳系形成的凝聚理论得到大多数天文学家的认可。这个理论给出太阳系形成各阶段的场景如下:

(1)一切开始于比目前我们所在的行星系统大得多的一团星际云的坍缩,随着星际云的不断坍缩,它旋转得越来越快(由于角动量守恒,就像滑冰运动员收起双臂旋转加速一样),并且开始趋向于扁平。

(2)当它缩小到直径约100AU时,太阳星云形成了一个扩展的、旋转的盘,靠近红色太阳的中心温度最高,而在边缘最冷。

(3)尘埃颗粒充当凝结核,随着物质团块相撞并粘在一起,成长为月球大小(或者更大)的星子。颗粒和星子的成分依赖于它们在星云中的位置:中心附近是岩质的,更远的地方是冰质的。

(4)经过数百万年,正在形成中的太阳"吹"出强烈的太阳风,吹开了气体星云。但在太阳系外围,一些大质量的星子已经从星云中吸附了大量的气体。

(5)随着气体的"吹"出,太阳系内部的星子不断地碰撞和成长,形成类地行星。外围的类木行星也已经形成,而太阳已经成为一颗恒星。

(6)在1亿年左右的时间里,大多数星子要么结合在一起,要么被抛出,留下了几颗大的行星绕太阳运行。

> **思考题**

1. 太阳系中太阳、行星、卫星、小行星、彗星、流星各有什么特点?
2. 太阳活动对地球有什么影响?

4 绚丽多彩的恒星世界

4 绚丽多彩的恒星世界

在地球上遥望夜空，或许没有比恒星更为宏伟壮观的了。成千上万颗恒星像珍珠般散布在夜空中，它们似乎无处不在——宇宙是恒星的世界。

恒星是像太阳一样本身能发光、发热的星球。夜空中到处都是恒星，肉眼可见的就有6000多颗，它们分布在88个星座中。如果借助望远镜，则可以看到更多，甚至上亿颗。

在浩瀚无垠的宇宙中，到底有多少颗恒星呢？恒星的总数是无法准确计算的。但我们可以估算一下：可以肯定的是太阳系里只有一颗恒星，即太阳，但它只是银河系的普通一员，银河系的恒星数量大约有1000亿~4000亿颗，而根据观测，人们认为宇宙中可能至少存在2000亿个星系。所以，就算按最小值来计算，假设每个星系中至少有1000亿颗恒星，得出的结果就已经是一个极为夸张的数字——2×10^{22}颗恒星，而这仅是保守估计，假设每个星系中的恒星数量最多为4000亿颗，算一下就知道宇宙有多么浩瀚了。最惊人的是，这并不是宇宙的全部，只是宇宙中很小的一部分。具体来说，它只是人类用肉眼或借助天文望远镜所看到的宇宙天体。恒星的总数一直在变化。太空中新生星或原恒星无时无刻不在诞生，同时，年老恒星在缓慢消亡。数清星星数量这个目标是不可能实现的。

恒星也有自己的生命史，从诞生、成长到衰老，最终走向死亡。它们大小不同、色彩各异，演化的历程也不尽相同。单一恒星的演化并没有办法完整观测，因为这些过程过于缓慢以至于难以观测。但宇宙中有处于不同年龄阶段的恒星，因此，天文学家利用观测许多处于不同生命阶段的恒星，以计算机模型模拟恒星的演化过程来了解恒星的一生。

4.1 如何描述恒星

当我们描述一个人时，会用到身高、体重等，对于夜空中数不清的星星，我们应该如何来描述呢？或者说，我们如何区分它们？

4.1.1 恒星命名

茫茫宇宙中恒星无数，显然给恒星命名有助于识别并对它们进行持续观测。那么人类究竟是如何为夜空中这些星星命名的呢？

中国古代和西方在恒星命名方面有着不同的规则。中国古代是以恒星所在星官、星宿加上数字命名，如天关星、北河二、心宿二等；还有一些恒星是根据传说命名的，例如织女星、牛郎星等。在西方，恒星命名基于星座（1928年，国际天文学联合会明确将全天空划分成88个星座区域）。1603年，德国天文学家约翰·拜耳创造了拜耳命名法，将星座中的恒星从亮到暗排序，以星座的名称加上一个希腊字母命名恒星。例如猎户座α（参宿四）、猎户座β（参宿七）等，不过，随着观测设备和观测技术的提高，后来的天文学家可能发现先前人们命名为最亮的星星实际上并不太亮，但即使这样，他们也不愿意更改恒星名字，所以这并不是识别空中最亮恒星万无一失的方法。而在星表命名法中，天文学家依据观测数据把不同恒星绘制成星表，如依巴谷星表、变星星表、梅西耶星表等。这极大地方便了天文学方面的研究。

随着新恒星的不断发现，一些国家还作为荣誉以名人的名字来命名新恒星。不过，星图上还没有以知名人士命名的任何星星出现。新发现一颗恒星时，天文学家也会直接在天球上列出坐标以标识它们。

4.1.2 恒星的距离

没有准确的距离测量，我们就不能详细地了解恒星的空间分布。此外，距离也是对天体各种物理性质及演化研究的基础。对于恒星，它们看上去的亮度除了和恒星本身发光强弱有关，还与离地球的远近有关。同时，由于光速是有限的，所以我们看到的越远的天体展现出的图像就相应于宇宙越早的时刻，也就是说，我们观察宇宙纵深时是用距离来换取时间的。由此可知，恒星距离测量至关重要。

那么如何测量恒星离我们的距离呢

最精确的测距方法当属雷达测距（或激光测距）。但因为距离太远，雷达测距方法对于遥远的天体鞭长莫及。一般来说，太阳附近的恒星距离可以通过几何法（视差法）测量，而银河系内以及较近星系的距离测量则要依据与恒星真实亮度之间有相关性的某些物理特征。这些特征可以作为恒星真实亮度的标准烛光，例如造父变星（一种不太稳定的恒星，亮度规律性的变化）的周光关系等。对于更远的距离，需要更大、更亮的标准烛光，例如超新星或者整个星系。对于最遥远的天体，就只有依靠红移和距离之间的哈勃关系了。

恒星距离表示方法：对于恒星的距离，如果用千米表示数字实在太大了，所以为了方便，通常采用光年或秒差距作为恒星距离的单位。1光年是光在一年中通过的距离，大约是9.46万亿千米；而1秒差距（1pc）约等于3.3光年。据此，宇宙中距离我们最近的恒星——半人马座的比邻星离我们约为4.3光年，也就是说即使是以光速飞行，从地球到我们的恒星邻居也要4.3年的时间。

4.1.3 恒星的光度和亮度

恒星的光度指单位时间内离开恒星的辐射总量，有时也被称为恒星的绝对亮度，是恒星的固有特性，它完全不依赖观测者的观测位置和运动速度。当我们观测一颗恒星时，所见的并不是恒星的光度，而是它的视亮度，即从地球上观测时单位面积、单位时间内所接收到的来自恒星的能量。一颗恒星的视亮度取决于其距地球的距离，这是因为恒星的光度是常数，光线传播的距离越远，穿过单位面积的能量就越少。可以想象一下，随着能量扩散到太空中，能量传播的面积越来越大，就会更加分散——被"稀释"。所以，两颗不一样的恒星可能有同样的视亮度（看上去一样亮），如果光度更大的那颗距离更远的话。

天文学上用星等表示恒星的亮度。恒星越亮，星等值越小。这一标度可以追溯到公元前2世纪，当时古希腊天文学家依巴谷将肉眼可见的恒星分为6等。最亮的恒星被分为1等，第二亮的恒星星等被标为2等，以此类推，直到肉眼能见到的最暗的恒星。现代天文学家在很多方面修改和扩展了星等标度方法。首先，定义天体5个星等的变化对应于视亮度恰好增加了100倍。其次，依巴谷分级系统中的数字被称为视星等（对应视亮度）。再次，标度不再局限为整数。最后，星等扩展到1等和6等之外，非常明亮的天体的视星等甚至可以比1等小得多，非常暗的天体的视星等远远大于6等。

相比于在地球上测出的视星等，折算到离地球10pc处的星等称为绝对星等（对应恒星光度），可以方便天文学家比较恒星的内在性质。就目前我们已知的恒星，视星等最亮的是天狼星。

恒星按光度分为Ⅰ、Ⅱ、Ⅲ、Ⅳ、Ⅴ、Ⅵ、Ⅶ七个类别，依次称为Ⅰ超巨星、Ⅱ亮巨星、Ⅲ正常巨星、Ⅳ亚巨星、Ⅴ矮星、Ⅵ亚矮星、Ⅶ白矮星。

4.1.4　恒星表面温度和颜色

颜色是一种对恒星有效的描述方法，仰望夜空，通过颜色我们一眼就能知道哪些恒星较热、哪些恒星较冷。最炽热、最耀眼的恒星发出的光芒是蓝色的，温度较为温和的恒星发出的光芒是黄色的，温度更低的发出的光芒通常是红色的。比如，通过小型望远镜可以看到猎户座较冷的恒星参宿四呈红色，而较热的恒星参宿七呈蓝色。然而，要得到这些恒星的温度（一般用有效温度来表示），需要更精确的观测。天文学家通过测量恒星在某些频率的视亮度确定恒星的表面温度（将观测结果与适当的黑体曲线进行匹配）。以太阳为例，符合太阳辐射最好的理论曲线是约5527℃的光谱。同样的方法也适用于其他恒星，无论其距离地球的远近。由此，天文学上定出O、B、A、F、G、K、M等光谱型（也称温度型）。

恒星的表面有效温度由早O型的几万度到晚M型的几千度，差别很大。温度相同的恒星，体积越大，绝对星等越小。太阳的光谱型为G，颜色偏黄，有效温度约5497K。

4.1.5　恒星大小

夜空中群星闪烁，就像一颗颗散落在天幕上的宝石熠熠生辉，它们将夜晚装点得格外美丽。你知道吗，这些星星的大小相差很大，有的像"巨人"，有的像"侏儒"。

恒星的直径揭示了它的大小。我们的行星家园地球的直径约为13000千米，而我们最熟悉的恒星太阳直径约是地球的109倍，是不是觉得很大？但这个个头在恒星里面仅属于中等。巨星和超巨星称得上是恒星世界中的"巨人"，它们的直径要比太阳大几十到几百倍。例如红超巨星参宿四（猎户座α星）的直径是太阳的900倍，想象一下：把参宿四放在太阳的位置，它的大小几乎能把木星也包进去。而恒星HR237直径更是达到太阳的1800倍。相比之下，比太阳小的恒星也有很多，其中最典型的要数白矮星和中子星了，它们是恒星世界中的"侏儒"。白矮星的直径和地球差不多，而中子星的直径只有20千米左右。如果拿体积来比较的话，中子星就是太阳的几百万亿分之一。由此可见，恒星世界里的巨人与侏儒的差别有多么悬殊！

4.1.6 恒星质量

质量是恒星最重要的性质，化学成分是恒星的基本属性，它们一起决定恒星的内部结构、恒星的外貌，甚至恒星未来的演化。

只有特殊的双星系统才能测出质量来，一般恒星的质量只能根据质量-光度关系等方法进行估算。已测出的恒星质量介于太阳质量的百分之几到120倍之间，但大多数恒星的质量在0.1~10个太阳质量之间。恒星的密度是梯度分布的，越靠近中心，密度越大；越接近外层，密度越小。通常情况下，恒星的平均密度可以根据直径和质量求出，太阳的平均密度大约是1.4克/立方厘米，略重于水；典型的红超巨星的平均密度大约只有水的1/100；而中子星的密度则达到10^{14}克/立方厘米，或1亿吨/立方厘米。在现有的物理学定律下，没有比中子星更重、密度更大的恒星了。

4.1.7 恒星结构

恒星大气的基本结构是由实际观测和光谱分析得到的，一般恒星的最外层是与星风有关的高温、低密度星冕；星冕内是产生某些发射线的色球层；更内层是反变层和光球层，通常光球层与反变层不能截然分开。类太阳型恒星的光球内是对流层，不同主序恒星内部对流层的位置很不相同。恒星能量的传输在光球层内以辐射为主，在对流层内则以对流为主。

恒星中心进行着不同的产能反应，温度可能高达数百万摄度乃至数亿摄度，恒星的质量、光度等基本参量随演化阶段不同而不同。

4.2 恒星的自行

我们用肉眼可以看到许多闪闪发光的星星，它们绝大多数是恒星。最初命名为恒星是取永恒不变的意思，但恒星并非不动，只是因为离我们实在太远，不借助特殊工具和方法，很难发现它们在天上的位置变化，因此古代人把它们认为是固定不动的星体，称为恒星。

恒星并非恒定不动，它们本身也存在空间运动，不过运动的方向和速度大小各不相同。由于地球存在绕着太阳的空间运动，天文学家在地球上观测到的恒星的空间运动有两种：一种是沿视线方向的视向运动，可以利用多普勒效应来测量；另一种是垂直于视线方向的横向运动，可以通过连续监测恒星在天空中的运动来确定。

从地球上观测并修正视差后得到的恒星在天空中的周年运动被称为自行，它描述了恒星相对于太阳的横向运动（在银河系内运动时，恒星和太阳都有空间运动；然而，从地球上观测，只有它们之间的相对运动会改变恒星在天空中的位置），自行通常表示为角秒／年。自行最快的恒星是离地球第二近的巴纳德星，它的自行是10.3角秒/年，是不是觉得很小？要知道巴纳德星与地球的距离约为5.96光年，在巴纳德星的距离上，10.3角秒的角度对应的物理位移约为28亿千米，据此算出它的速度是89千米/秒。宇宙恒星的横向速度一般非常大，通常是每秒几十甚至是几百千米，但它们距离太阳都很遥远，使它们的自行很小，所以我们需要花很多年才能觉察出它们在天空中的运动变化。图4.1是北斗七星由于自行造成的10万年前后形状的变化示意图。

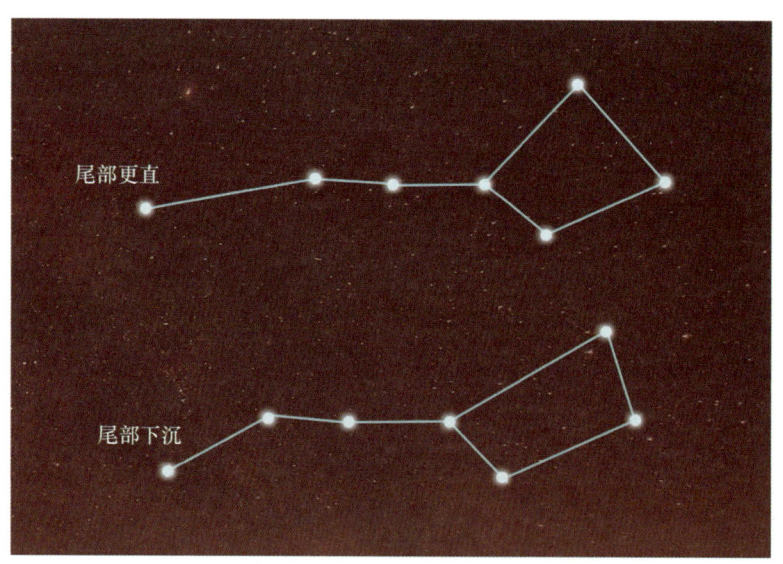

图4.1　北斗七星10万年前和现在的形状变化（绘图：贾鹏）

终有一天会有恒星撞上地球吗？看看离我们最近的比邻星，也就是半人马座阿尔法星，测量得到半人马座阿尔法星的自行为3.7角秒/年。在半人马座阿尔法星约4.3光年的距离处，这一测量结果意味着横向速度为24千米/秒。利用多普勒效应确定的另一运动分量——视向速度为20千米／秒，合并总速度为大约31千米／秒，利用勾股定理可以算出半人马座阿尔法星距离我们最近不会超过1pc，而且在280个世纪后才会发生。所以，完全不用担心它会撞上地球。

4.3 恒星的空间分布

4.3.1 喜欢聚在一起的恒星

在晴朗无月的夜空，繁星点点，它们中除了太阳系的水星、金星、火星、木星、土星五大行星以及偶尔会出现的彗星、一闪而过的流星和卫星等人造天体外，我们看到的都是恒星。由观测可以发现，恒星中单星很少，它们好像不太喜欢"孤独"，而是更爱好"群居"。

宇宙中恒星的一大半儿是双星，即"成双成对"地紧密靠在一起的两颗星。双星的种类有很多：物理双星是从地球看上去比较靠近的、由于彼此引力作用而互相环绕运动的两颗星；光学双星是指远看彼此很靠近，实际上在空间相距很远的两颗星。借助天文望远镜可以观测到的双星是目视双星；只有经过分析光谱变化才能辨别的双星是分光双星。除此之外，还有会发生类似日食现象的食双星；物质从一颗子星流向另一颗子星的密近双星等。从双星的子星分类来看，更是五花八门、应有尽有，有的是爆发变星，有的是脉动变星，有的是白矮星，有的是中子星，甚至是黑洞。

双星系统子星各异，展现的景象也绚烂多彩。下面我们来看两个：

渐台二（天琴座β星）是交食变星同时也是密近双星，子星中较亮的一颗为主星，较暗的一颗为伴星，有意思的是，这个双星系统中伴星质量比主星质量大。由于彼此间相互强烈的吸引和子星迅速自转等原因，主星大概呈桃子状，伴星呈圆盘状。如果能到渐台二附近，你会看到一场无与伦比的精彩场面：桃子状的主星和圆盘状的伴星互相迅速地绕转，每12.9天绕转一周，强大的物质流不断地从主星中抛出，一些跑到伴星附近形成环绕恒星的物质，一些则脱离双星系统飞入星际空间。

美国天文学家克拉克是第一个发现白矮星的科学家，而他发现的第一颗白矮星就是天空第一亮星天狼星的伴星天狼B（质量仅为$0.98M_\odot$，$M_\odot$为太阳质量，下同）。天狼星主星称为天狼A，其质量为$2.3M_\odot$。按照恒星演化理论，质量大的恒星将很快演化并将氢燃尽，质量小的则有很长的寿命。也就是说，天狼星 A 应该比它的伴星更快演化，但事实上这颗星明显正在进行氢燃烧，是一颗完全正常的恒星。这是否意味着质量大的恒星还没有耗尽氢，而质量小的反而耗尽了氢处于寿命的后期（白矮星阶段）？这种情况同样引起天文学家的广泛关注。

除了单星和双星，天空中还有一些是三四颗或更多颗恒星聚在一起的聚星，数十颗以上甚至成千上万颗星聚在一起的星团。天文观测发现，仅银河系里就有超过 1000 个这样的星团（关于星团，后面章节会详细介绍）。

4.3.2　赫罗图

天文学家使用光度和表面温度来对恒星进行分类，这就是恒星的光谱 - 光度图，也称为颜色 - 星等图。

20 世纪初，丹麦天文学家赫茨普龙和美国天文学家罗素分别研究了大量恒星的温度与光度（绝对星等）之间的关系。纵坐标轴列出绝对星等，覆盖了很大的范围；太阳差不多出现在光度范围的中间位置，光度为 1。横坐标表示的是表面温度，和传统的温度从左到右增加的表示方法不同，温度从右到左逐渐增加（因此光谱型序列 O、B、A 等，从左到右表示）。发现恒星的光谱 - 光度图中有一定的分布规律，所以用这两位科学家的名字来命名，称为赫茨普龙 - 罗素图，简称赫罗图（H-R 图，见图 4.2）。

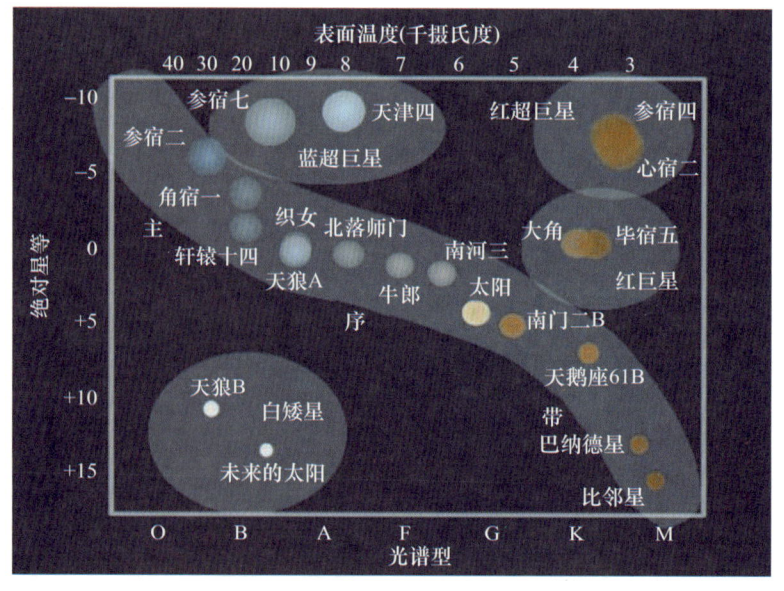

图 4.2　赫罗图（绘图：贾鹏）

赫罗图是恒星大家族的一张"全家福",人们可以由图看到恒星分布并不均匀,相反,众多恒星分成几个不同的群体分布在赫罗图上一定的范围内。比如,有大量的恒星分布在赫罗图从左上到右下的带状区域内,这个区域里的恒星温度越高,光度也就越强,它们就是主序星,太阳就是一颗典型的主序星。而相比于主序星,右上和左下的恒星就显得有点"奇怪",比如,右上位置的恒星虽然光度高,但是温度较低,它们的代表是红巨星和红超巨星——虽然温度低,但是体积较大,也就是发光面积较大,所以光度较高;左下位置的恒星虽然光度低,但是温度高,它们的代表是白矮星——温度虽高,但由于体积小,所以光度很低。

赫罗图对研究恒星的分类和演化有重要作用,可以说是科学家研究宇宙的"百科全书"。

4.4 恒星戏剧性的一生

宇宙在不断地自我更新。自从银河系形成以来,已有数以亿计的恒星诞生、生长、演化,直到死亡。然而,当我们凝望夜空时,并不会看到这一过程,这是由于恒星上演宇宙戏剧的时标以人类的标准来看非常长(即使是寿命较短的恒星,也能生存数百万年)。已有足够的证据表明,恒星的演化贯穿整个宇宙史。

天文学家的研究揭示出恒星一生中经历的从诞生、成熟、变老到死亡的复杂变化。一颗恒星由星云凝缩而成,恒星生命中最长的阶段是主序星阶段,成为主序星之前的恒星温度不够高,因此不能发生热核反应,能量来自引力收缩。成为主序星之后,恒星中心温度高达700万摄氏度甚至更高,开始发生氢聚变成氦的热核反应,这个过程很长,占了恒星生命的大部分时间。氢燃烧完毕后,恒星内部收缩、外部膨胀,演变成表面温度低、体积庞大的红巨星,并有可能发生脉动,其中一些内部温度上升到近亿摄氏度的恒星会发生氦碳循环等过程。最后,质量不同的恒星迎来不同的结局,其中一部分恒星会发生超新星爆炸,将物质抛射到星际空间,同时,恒星核心被压缩成的中子星等致密天体,这也是恒星的"遗骸"。

4.4.1 恒星的形成——创伤式的诞生

大多数恒星之间的空间并不是真的空，相反，恒星之间的气体和尘埃（星际间介质）很复杂，各种物理过程在这里进行，这是恒星诞生的地方，也是恒星死亡时原子循环的地方。太阳和大部分近邻恒星可能是数十亿年前形成的。

那么，由气体和尘埃组成的星际云是如何转变为夜空中的无数恒星的呢？观测和研究表明，恒星的形成是一个持续的剧烈过程。

星云坍缩的条件

从弥散的星云形成恒星，首先要经过星云的引力收缩——坍缩。所有的星云都受到引力作用，又是什么决定了哪些会坍缩？我们知道，密度一定的物质团表面的引力大小与其半径成正比。也就是说，星际云块越大，其表面引力强度也越大。同时，星际云温度越高云中分子热运动的平均速度就越大，所以因云中分子热运动而具有压力就越大。因此，对于星云来说存在一个临界尺度（对应引力等于压力），大于这个临界尺度时，其表面的引力就足以克服气体的压力而发生收缩，这时恒星开始形成。

星云的快速收缩过程

星际间的气体尘埃星云凝聚的第一阶段主要由引力作用支配，这是一个快速收缩阶段（称为自由下落阶段）。对于一个太阳质量的星云来说，这个过程需要经历大约 100 万年的时间。其间，由于气体向外的压力远远抵挡不住向内的引力，于是物质很快向中心坍缩、聚集，中心密度迅速增高。此时，由于星云密度极低，能量几乎可以毫无阻挡地向外逸散（物质对热辐射是透明的），所以星云的温度几乎没有升高，接近等温过程。当中心密度达到 10~13 克/立方厘米时，中心部分的热能不能再无阻挡地逸散，中心温度逐渐升高并开始产生红外辐射。当中心部分对红外辐射变得不透明时，从外部看其光度急剧下降，内部的热量越来越不容易逸散，于是，星云温度开始明显上升。当中心温度达到 2000 开时，氢分子开始分解成原子并吸收掉大量热量，致使向外的辐射压急剧下降。结果，在引力的作用下，星云急剧坍缩，其中心形成体积更小、密度更大的内核——原初恒星，这是恒星诞生初期的胚胎形态。原初恒星形成的标志之一是星云的快速收缩过程的结束。

星云的慢收缩过程

原恒星仍继续收缩,只是不再按自由下落规律,而是开始了一种缓慢的收缩过程。当全部氢分子都分解成原子后,收缩使原初恒星的温度稳定地上升。中心温度达到 7.0×10^6 开以上时,核心开始出现由氢聚变为氦的热核反应。反应能提供足够的能量使内部压力与引力处于相对平衡状态,一颗处在主星序阶段的年轻恒星就正式诞生了。刚开始由氢聚变成氦的热核反应提供足够能量而形成的主序星称为零龄主序星。

如果云团碎块太小,有可能永远都无法形成恒星。天文学家经过计算得出,要使核心温度高到能够进行核燃烧,气体所需的最小质量应是 $0.08M_\odot$。所以,$0.08M_\odot$ 质量被认为是宇宙中所有恒星的质量下限。

恒星寿命和恒星的初始质量密切相关,大质量恒星的寿命要远远短于小质量恒星。从诞生到形成主序星,太阳需要 3000 万年,而质量是太阳 15 倍的大恒星只需要 16 万年。由于恒星内部热核反应速度很慢,恒星主序前的演化时间比主序后要短得多,所以恒星的年龄通常从零龄主序开始计算。

4.4.2 恒星的青壮年时期——主序星

当原恒星中心温度足以点燃氢,氢聚变成氦的热核反应随之开始,反应释放大量的热,使恒星达到平衡状态,恒星就成了主序星。恒星的演化是从主序星开始的。在主序阶段,恒星以几乎不变的光度发光发热,照亮周围宇宙空间。

进入主序的恒星整体性质各不相同,通常质量越大,就越亮、越热,因此颜色也越蓝。前面提到,当质量小于 $0.08M_\odot$ 时,星体收缩达不到氢的点火温度,因而形不成主序星,这是主序星的质量下限。另外,质量太大的恒星因辐射太强,结构也很不稳定,但理论上没有一个质量的绝对上限。观测到的主序星的最小质量大约为 $0.1M_\odot$。最大质量大约是几十个太阳质量。不过,虽然主序星的质量有别,但其大小是大致相同的。

当演化为主序星时,恒星亮度由它的质量决定。质量为 $20M_\odot$ 左右的恒星将成为亮度和温度很高的蓝巨星或蓝白巨星;几倍太阳质量的恒星将成为白星或黄白星;与太阳质量差不多的恒星便成为亮度和表面温度与太阳相仿的黄矮星;小于太阳质量的恒星会成为亮度很小、表面温度很低的红矮星。

人们发现有 80%~90% 的恒星都是主序星,这是为什么呢?主序星就像恒星一生中的青壮年期。由于恒星的化学组成中氢的含量最多且其反应速度极慢，恒星几乎 90% 以上的时间处于中心核内氢燃烧阶段，即处于主序演化阶段，因此，主序星在恒星的一生中所持续的时间最长。以一颗 $25M_\odot$ 的恒星为例，其总寿命为 7.5×10^6 年，其中 7×10^6 年（占寿命 90% 以上的时间）是氢燃烧阶段，即主序星阶段。所以，从统计学上讲，找到一颗处于主序星阶段的恒星概率较大，这正是观察到的恒星大多数为主序星的基本原因，相应地，赫罗图中的主序带呈现一定的宽度。

虽然恒星一生的大部分时间停留在主序星阶段，但时间不同。质量大的恒星因燃烧剧烈导致燃料消耗快，停留在主序星阶段的时间较短；而质量较小的恒星，由于热核反应速度较慢，氢消耗也慢，因而稳定在主序星阶段时间较长。作为恒星世界中一个中等个头成员的太阳，目前已稳定地"燃烧"了约 50 亿年，据天文学家估计，太阳在主序星阶段的时间可以持续 100 亿年（也就是说太阳还可以稳定燃烧 50 亿年，所以目前太阳正值青壮年），质量小于太阳的恒星在主序阶段的停留时间会更长，可达到几千亿到几万亿年，而质量大于太阳的恒星在主序阶段的停留时间则更短，只能滞留几百万到几千万年。当星核区的氢燃烧完毕后，恒星将离开主序星阶段，进入下一阶段的演化。

4.4.3　恒星的晚年

离开主序星阶段后，恒星核区的氢燃烧殆尽，核心区的物质主要是氦，外围区的物质主要是未经燃烧的氢，核心熄火后恒星失去了辐射的能源便要引力收缩，引力收缩将使恒星内各处的温度升高，主序后的引力收缩首先点燃核心与外围之间的氢壳，这时恒星从主序星向红巨星过渡，过程进行到一定程度，中心温度将达到氦点火温度，于是又过渡到一个新阶段——氦燃烧阶段（质量小于 $0.5M_\odot$ 的恒星虽然形成的氦核是电子简并的，但由于质量过小，因而当氦核收缩时，恒星的温度无法点燃氦，不会发生氦燃烧，而是直接演化成为氦白矮星）。

氦燃烧开始后，由于小质量星的氦核是高度电子简并的，因而此时会发生核心的"氦闪"，即氦燃烧是不稳定的爆炸式燃烧，在短时间内放出大量能量。对于中等质量的恒星，由于其核心的氢燃烧生成的氦核不是简并的，因此它们不会发生核心"氦闪"，而是直接经历平稳的氦燃烧过程。密度达到了 10^3 克/立方厘米的量级，经历"氦闪"（稳定），闪光使大量能量的释放很可能把恒星外层的氢气都吹走，剩下的是氦的核心区。氦核心区因膨胀而减小了密度，之后开始正常的氦燃烧，氦燃烧的产物是碳，在氦熄火后恒星将有一个碳核心区氦外壳，之后依次发生碳、氧、氖、镁、硅逐级燃烧（初始质量在 $0.5M_\odot < M < 8.0M_\odot$ 范围内的中小质量星，虽然在氦燃烧中形成的核是电子简并的，但核的质量不是很大，无法达到碳燃烧发生的临界质量，最后演化成 C-O 白矮星）。核燃烧阶段结束时，整个恒星呈现由内至外分层（Fe、Si、Mg、Ne、O、C、He、H）结构——有点儿类似我们生活中常见的"洋葱头"，半径越小处温度越高，此时，恒星的核心区只比地球大几倍，而恒星本身则是太阳大小的数百倍。

如果恒星因为某种原因不能够经历以上所有的燃烧过程，而仅在某一种核燃烧过程后便终止，那么恒星将因为各种原因（星风质量损失或表面非稳定）将其外壳损失掉而成为白矮星。图 4.3 展示了猎户座大星云（M42，NGC 1976）。它是银河系内巨大的行星状星云，距地球（1344±20）光年，为最接近地球的一个恒星形成区。它的亮度相当高，在全天仅次于船底座星云，在无光害的地区用肉眼就可观察。行星状星云是所有类日恒星的最后阶段，因此，它使我们得以窥见太阳系的未来。

图 4.3　猎户座大星云（图源：摄图网）

在恒星红巨星阶段末期，如果没有足够的核聚变能量，恒星的核心就会坍缩（恒星由其核心的核聚变产生能量，同时不断试图将恒星撕裂，只有恒星的重力能与之抗衡），而表层则会向外喷射。之后，再过几千年，它们就会消散，剩下的就只有那颗暗淡无光的白矮星了。也就是说，像太阳这样的恒星，在它生命的晚年，会变成一颗红巨星。

若恒星能够经历以上所有的核燃烧过程，那么恒星将面临严重的能源危机（因为在硅燃烧变成铁后，铁根本不能燃烧），当恒星耗尽了自身的能量，将塌缩、爆炸，成为比太阳亮 10 亿倍的超新星。

4.4.4　恒星的归宿

当一颗恒星将能量耗尽时，等待它的将是怎样的命运？对于一颗小质量恒星，白矮星并非是必然的归宿——如果它有一颗能提供额外燃料的双星伴星，那么它仍有继续发生剧烈活动的可能。对于大质量恒星而言，无论存在双星伴星与否，它们都必然在一次爆发中走向死亡。在这个过程中将释放巨大的能量，产生多种元素，并将爆发的残骸抛撒在星际空间。构成人类世界以及人类自身的许多元素，都来自那些年代久远的恒星的剧烈爆炸中。我们由星尘构成，听起来很有诗意，但这确实是真的。

白矮星的涅槃重生

虽然大部分恒星日复一日、年复一年持续发出光芒，但有些恒星的亮度会在非常短的时间内发生巨大变化。有一类恒星叫作新星，它的亮度可能会在几天内增加上万倍甚至更多，而后在几周或几个月的时间里再慢慢恢复到最初的亮度。对于早期观测者来说，这类恒星看起来确实是新的，因为它们在夜空中突然出现。现在，天文学家们意识到所谓的新星完全不是一颗新的恒星，而是一颗已有的白矮星，其表面正在发生一场爆炸，导致恒星光度迅速、短暂地升高。

什么原因可能导致这些暗淡的、濒临死亡的恒星如此爆发呢？前面我们了解到白矮星阶段意味着一颗恒星演化的终点。接下来，恒星只是变冷，最后变成一颗黑矮星——星际空间的燃烧灰烬。对于一颗类似太阳的孤立恒星，大体是这样，但如果这颗恒星属于双星系统，并且两颗恒星的距离足够近，就会有一种新的重要的可能性。

如果双星系统中两颗恒星的距离足够近，那么白矮星的潮汐引力场就能从主伴星吸引物质，伴星物质进入环绕白矮星的轨道，形成一个旋涡逐渐向内漂移，其温度也逐渐上升，当"偷来"的气体在白矮星表面堆积时，温度变得越来越高，最终导致氢元素被点燃，并以惊人的速度合成为氦。这一燃烧过程虽然短暂，却很剧烈。此时，恒星的亮度突然升高，之后随着燃料的耗尽而暗淡下来，燃烧的残骸被吹散到星际空间中。如果这一现象恰好能从地球看到，我们就见到了一颗新星。

新星代表着双星系统中的一颗恒星能将其"活跃的生命期"延伸到白矮星阶段。在恒星演化的终点，还存在更加极端的可能性：在恰当的环境中，可能还会酝酿出能量更加巨大的事件——如果白矮星从它的伴星那里获得物质而使自己的质量超过1.4倍的太阳质量

（钱德拉塞卡极限），那么白矮星就会爆发，最终将消灭星体而产生天文学家所称的Ⅰ型超新星，这将比大质量恒星爆发形成的超新星亮得多。

大质量恒星的最后一闪——超新星爆发

与中小质量星不同，质量大于 $8.0 M_\odot$ 的大质量恒星可能经历从氢燃烧到碳、氧、氖、镁、硅的逐级燃烧，聚变反应依次发生，直到生成铁。由于铁原子核是宇宙中状态最稳定的原子核，一旦内核开始变成铁，大质量恒星的内部核反应即停止。因为恒星发光是因为不停地发生核聚变反应，核反应停止意味着恒星迎来了死亡。

恒星中心燃烧停止导致恒星内部的支撑力减弱，此时，恒星存在的基础遭到破坏，它的平衡也一去不复返！尽管铁核的温度高达几十亿开，但物质向内的巨大引力超过热气体向外的压力，恒星随之向内坍缩，光致蜕变发生，在不到1秒的时间里，坍缩使之前核聚变的成果一笔勾销，同时也冷却了核心区，坍缩也因此加速。随着核心区密度上升，质子和电子被挤压形成中子和中微子，而中微子逃逸到太空的同时带走能量，进一步减少了核心区的压力支持，坍缩更加剧烈，核心区密度持续增大，中子产生的阻力迅速升高并产生巨大压力，最终减缓引力坍缩。当坍缩终止时，核心区密度可能高达 10^{17} 或 10^{18} 千克/立方米，然后重新膨胀。就好像一个快速运动的球撞到墙壁并反弹，核心区被压缩、停止，随后再次膨胀。

上面从坍缩开始到核密度"反弹"的过程经历的时间仅仅是"一瞬间"——只有大概1秒。这一刻，巨大的能量冲击波高速横扫恒星，最终的结果是恒星把所有的分层炸裂到太空，这就是宇宙已知事件中最具能量的事件之一——超新星爆发，大质量星的悲壮死亡！爆发的恒星的亮度可以与它所在的星系相匹敌（图4.4）。

图 4.4 超新星爆发（图源：摄图网）

天文学上把大质量星爆发产生的超新星称作"核坍缩超新星"或Ⅱ型超新星。至此，一场华丽的超新星爆发就落下帷幕，恒星内核则塌缩成一个比白矮星更致密的球体——中子星或者黑洞，在余烬中慢慢地冷却，而被炸飞的外壳则会形成蓬松的星云（星际物质），等待下一次汇聚并成为第二、第三代恒星形成的原料。因此，超新星爆发不仅是短暂而闪耀的宇宙奇观，更是我们丰富、多彩世界的来源。

4.4.5 恒星演化遗迹

恒星演化中的红巨星、白矮星以及超新星都代表着物质的极端状态，地球上的我们对它们不了解。然而，恒星死亡时可能带来更加诡异的结果：比太阳质量大得多的恒星的灾难性内爆所带来的产物——中子星和黑洞，它们奇怪的属性令人难以想象，然而理论和观测结果似乎都表明，无论是否认同，它们确实存在于太空中。

中子星

在大质量恒星向内迅速坍缩的瞬间即形成超新星之前，恒星核心的电子猛烈地撞入质子，形成中子和中微子。中微子以光速或接近光速离开诞生地，这加速了中子核心的坍缩，直到中子相互接触，此刻核心的中央部分向外反弹，形成强大的冲击波，向外横扫整颗恒星，将物质猛烈地驱向太空。虽然冲击波摧毁了恒星的其他部分，但发生"反弹"的核心内部仍完好无损，这也是在经历了超新星爆发的巨大力量后恒星留下的仅有物质——研究人员把核心的这种遗迹形象地称为"中子星"。

中子星的个头非常小，质量却非常大。它完全由中子构成，一个典型的中子星不会比一颗小型小行星或陆地城市大多少，但它比太阳质量大，这使中子星的密度大得惊人（10^{17}~10^{18} 千克/立方米），几乎是白矮星密度的 10 亿倍。正因为密度如此之高，中子才可以抵制进一步的压缩，使中子星保持平衡。

中子星是固体。假设能找到一颗温度足够低的中子星，你甚至可以想象能站在它的上面。然而，要这样做并不容易，因为中子星的引力极大，一个 70 千克的成年人在它表面受到的重力等同于在地球表面 100 亿吨物体的重力。中子星引力产生的巨大重力会使你变得比一张纸还要薄。

新形成的中子星还有两个非常重要的属性。首先，它们的自转速度非常快。其次，新生的中子星有很强的磁场，比地球磁场强上万亿倍。在中子星诞生后的几百万年中，这两个属性将是发现和研究这一奇特天体的主要参数。

我们能确定与中子星一样奇特的天体真的存在吗？答案是非常肯定的。1967年，剑桥大学的研究生约瑟琳·贝尔第一次观测到一个天体的周期性脉冲，脉冲之间的时间间隔惊人地一致。现在银河系内已经发现超过1500颗这样的脉冲天体，它们被称为脉冲星——目前宇宙中已知的最精确的天文时钟，精确度甚至超过地球上的原子钟。天文学家推测，可能有几十万颗中子星正在银河系的某处默默运行。贝尔在1967年发现脉冲星时并不知道观测到的是什么。实际上，当时没有人知道什么是脉冲星。现在我们知道脉冲星是自转中子星。

我们知道大多数恒星都不是孤立的，而是双星系统的成员。尽管许多脉冲星已知是孤立的，但至少它们中的一些有双星伴星。这时，中子星的巨大引力会从伴星表面拉扯和吸引物质，并聚集在中子星的表面，与白矮星吸积的情况一样。最终导致一个短暂且强烈的 X 射线闪耀——X 射线暴。如果中子星并合，更会辐射出强烈的 γ 射线。

黑洞

类似白矮星的钱德拉塞卡质量限制，研究人员一致认为，中子星的质量不能超过3倍太阳质量，超过这个极限中子星将无法承受星体引力的吸引。事实上，如果超新星中心核的质量超过太阳质量的3倍上限，并留下足够多的物质，引力就会在同压力的竞争中彻底获胜，恒星的中心核就将一直坍缩下去。

做一个假想试验：地球被一个巨大的老虎钳从各个方向挤压，在压力下收缩，但它的质量保持不变，由于地球的半径减小，故逃逸速度增加。如果我们假想地球被挤压到半径为1厘米，那么逃离地球表面所需的速度将达到约300000千米/秒。这不是普通的速度——这是光速，目前已知的物理规律所允许的最快速度。这意味着，如果将整个地球压缩至一颗葡萄的大小，逃逸速度就将超过光速——没有、绝对没有任何事物能逃离被如此致密压缩的物体表面。

同样地，随着恒星核的坍缩，它周围的引力最终变得巨大无比，甚至连光都无法逃出去，最终形成不发光、没有辐射、也没有任何信息的天体，被称为"黑洞"。恒星的演化理论表明，黑洞是质量超过太阳质量25倍的主序星的命运。

黑洞最早由爱因斯坦的广义相对论预言，是宇宙中最迷人、最令人费解的物体之一。黑洞中所有的质量都集中在一个很小的区域，被一个叫作"视界"的边界包围着。任何越过这个边界的东西都不能回到宇宙,连光也不行。所以,黑洞本身是看不见的,但它的强引力会对周围的恒星、气体产生影响,天文学家可以通过观测这种影响来"看"到黑洞。就像我们虽然看不见风,却能通过树叶的飘动来判断风的存在。例如,天文学家们发现,研究某些恒星呈现的周期性运动能帮助找到恒星级黑洞的候选体。2019年,中国科学院国家天文台刘继峰、张昊彤研究团队依托郭守敬望远镜(LAMOST)的巡天优势,通过研究恒星光谱体现的运动来推测是否存在伴星和伴星是否为黑洞,成功发现了一颗迄今为止最大质量的恒星级黑洞。

除间接观测外,给黑洞拍照可以让我们直接"看见"黑洞。为了拍摄到黑洞的首张照片,天文学家们使用一种名为甚长基线干涉测量(VLBI)的技术将分布在全球六地的八台望远镜联网组成一个如地球大小的"虚拟"望远镜——事件视界望远镜(EHT),经过多年准备后,于2017年4月EHT顺利对M87*和Sgr A*展开观测。EHT观测具有极高的分辨本领,在通过对大量后期数据进行细致分析之后,成功"捕获"了M87*的黑洞影像,并于2019年4月10日正式发布,这也是人类历史上第一张黑洞的照片。该照片显示物质在强引力的影响下旋转时发出的光,图4.5为黑洞模拟图。位于M87星系中心的黑洞的质量约为太阳质量的65亿倍,望远镜无法拍摄到来自黑洞本身的光(因为黑洞不发光),只能拍摄到黑洞在照片上留下的"黑影",而外面一圈明亮的环则是高速旋转的吸积盘,整张照片看上去形似甜甜圈。照片呈现的光环和光环所包围的阴影与爱因斯坦理论预言相符,在强引力场下验证了广义相对论理论的正确性,也为黑洞的存在提供了更加直接的证据。

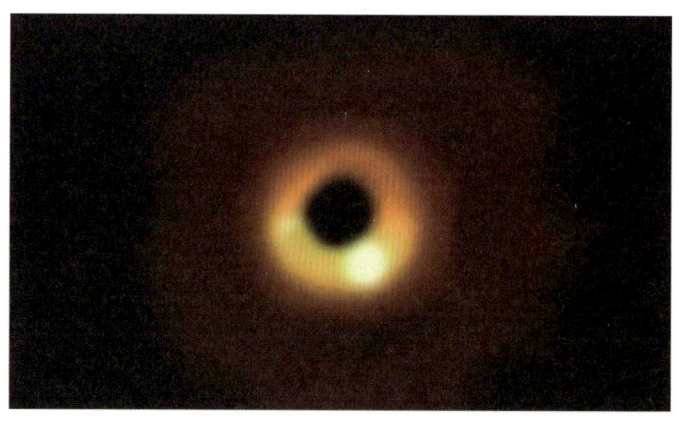

图 4.5 甜甜圈——黑洞模拟图(图源:摄图网)

(1)黑洞的种类。黑洞可以分为以下三种:

恒星质量黑洞:比太阳质量大得多的恒星死亡时会在自身的引力作用下坍缩成黑洞。

还有一些恒星质量的黑洞是由中子星碰撞形成的，比如 LIGO（激光干涉引力波天文台）于 2015 年 9 月 14 日首次探测到碰撞并合的黑洞。

超大质量黑洞：是宇宙中的怪物，几乎存在于每个星系的中心。它们的质量从太阳质量的 10 万倍到数十亿倍不等，不可能由一颗恒星产生。银河系的黑洞大约是太阳质量的 400 万倍。这些黑洞以类星体和其他"活跃"星系的形式存在，它们发出的光芒足以在数十亿光年之外被观测到。

中等质量黑洞：它们的质量是太阳质量的 100~10000 倍，介于恒星质量黑洞和超大质量黑洞之间。它们是最神秘的，因为人类还没有观测到过，也不知道它们到底有多少个。此外，就像超大质量黑洞一样，我们也不完全了解它们是如何产生和演化的。

（2）黑洞的性质。没有任何形式的辐射能从葡萄大小的地球的强大引力下逃脱，因此，黑洞在能量和物质流入方面是"单向"的（图 4.6），这意味着大多数关于物质掉落黑洞的信息都一去不复返——包括气体、恒星、宇宙飞船或者人，只有极少数能存留下来。我们现在已经知道，无论形成黑洞的天体的组成结构或历史如何，黑洞只有质量、电量以及角动量（自转）三个物理性质可以从外部测量，即所谓黑洞的"三根头发"，其他所有信息和物质一旦进入黑洞便丢失了。因此，完整描述黑洞的外观及其与宇宙其他部分之间的相互作用只需要三个参数。

图 4.6　黑洞概念图（图源：摄图网）

尽管我们无法直接看到黑洞，但还是对其有相当多的了解：

强大又简单。与太阳质量相当的黑洞的视界直径不会超过 6 千米，而且它旋转得越快，视界就越小。即使是一个超大质量的黑洞,也能轻易地进入太阳系。大质量和小体积的结合导致黑洞非常强的重力。如果恒星离得太近,这种引力足以将其撕碎,并产生强烈的光爆发。一个超大质量黑洞会将落在其上的气体加热到数百万摄氏度,发出足够明亮的光,以至于能够在整个宇宙中被看到。但有意思的是,黑洞仅用三个可观参数来描述,这比恒星简单得多。

神秘且重要。黑洞会"吃掉"所有经过的东西。由于事件视界附近复杂的气体搅动,许多落向黑洞的物质会被喷射出去,这些被称为"风"的喷射和喷出的气体将原子扩散到整个星系,并可以促进或抑制新恒星的诞生。这意味着超大质量黑洞在星系的生命中扮演着重要的角色,甚至远远超出黑洞的引力。在大多数星系中,至少有一个超大质量黑洞,而在可观测宇宙中,则可能有数千亿个超大质量黑洞。基于观测的理论推算,天文学家认为银河系可能有多达 1 亿个黑洞,其中大部分是恒星质量黑洞。和天文学家一样,物理学家也对黑洞感兴趣,因为它们是"量子引力"的实验室。到目前为止,还没有人发展出完整的量子引力理论。

(3)黑洞的边缘。黑洞不是宇宙的真空吸尘器,它们并不会在星际空间游荡,吞没视线内的一切,但如果天体的轨道恰巧使它非常接近视界,那么它将无法逃出黑洞。黑洞就像十字转门,允许物质只沿一个方向流动——向内。

流入黑洞的物质会受到巨大的潮汐力。如果一个不幸的人首先把脚陷入太阳质量大小的黑洞中,他会发现自己在纵向上被急剧地拉伸,而在横向上则被无情地挤压。在到达视界之前他就会被撕裂,因为他脚部(更加靠近黑洞)的引力比头部的引力更大。耐力测试表明,人体无法承受大于地球表面重力 10~20 倍的压力,这一撕裂点会发生在距离 10 倍太阳质量的黑洞约 3000 千米(它的视界半径约为 30 千米)的地方。在这一距离以内,黑洞的潮汐效应会将人体撕裂。

等待落入黑洞的物质的命运都是相同的,无论是气体、人,还是空间探测器,落入黑洞后都会在纵向上被拉伸、横向上被压缩,并在该过程中被加速至较高的速度。所有这些拉伸和压缩的最终结果是,撕烂的碎片之间会产生无数剧烈的碰撞,掉落的物质因相互摩擦而产生大量的热。当物质落入黑洞时,它会同时被撕裂并加热到高温。加热是如此高效,以至于落入黑洞的物质在到达视界之前便会发出辐射,质量与太阳质量相当的黑洞将以 X 射线的形式释放能量。因此,与我们所期待的没有任何事物可以从黑洞中逃逸的定义相反,黑洞周围的区域将成为其能量的来源。当然,当物质进入视界后,其辐射将不再被探测到,它将永远无法离开黑洞。

任何接近黑洞的时钟都会比平时走得慢。时钟越接近黑洞，看起来运转得越慢，在到达视界时，时钟看起来完全停止了，所有的行动大多定格在一个时刻。因此，外部观测者将不会看到宇航员向下落入视界。

你肯定想知道黑洞的视界内有什么。但很遗憾，没人真正知道！广义相对论预言，如果没有什么与引力竞争，大质量恒星的核心残留物就将坍缩成一点，此时，它的密度和引力场是无限的。这样的点被称为奇点。然而，关于奇点，至今仍是宇宙的一个未解之谜。

黑洞就在那里，它的秘密等着人类去发现。

4.5 为什么说我们都是尘埃

缤纷世界的来源——元素的形成

我们这个多彩的世界是由元素组成的，元素周期表你可能很熟悉，也许能倒背如流，天文学家把比氢、氦重的元素称为重元素，它们无法由大爆炸直接产生，而是由恒星形成的。

元素之间最根本的差别在于原子核不同。根据目前广为接受的大爆炸理论，宇宙起源于一场大爆炸，而大爆炸的产物只有寥寥几种轻原子核，比如氢、氦以及少量的锂等，这些轻元素是早期恒星的主要组成部分。恒星刚开始形成时，大量的氢和氦等气体凝聚成团，因为自身的重力而朝着中心区域塌缩，使恒星内部处于超高密度和超高压状态，开始发生核聚变反应。这个核聚变反应就是恒星光辉的来源。伴随着这些核聚变反应，宇宙里新的元素开始陆续产生。

最开始是两个氢原子核聚变形成氘，氘原子核由单质子和单中子组成。氘原子核和氢原子核聚变反应产生氦原子核。氢原子缓慢地进行核聚变，随着时间的流逝，作为燃料的氢原子越来越少，于是接下来就开始了以氦原子为燃料的核聚变反应，这一反应生成了碳原子核。待氦元素消耗殆尽后，碳元素的聚变反应就逐渐开始。如此这番，在恒星的内部，从质量小的元素到质量大的元素就陆续形成了。通过核聚变反应能形成哪种元素取决于恒星的质量，质量约为太阳质量8倍的恒星只能形成碳和氧，质量更大的恒星中碳和氧可以形成氖和镁，且进一步反应形成硅和铁。一般认为恒星内核聚变反应一直到合成铁原子核为止，即顺序是氢→氦→碳和氧→氖和镁→硅→铁。

铁原子核是宇宙里最稳定的原子核，无法通过核聚变反应释放核能。也就是说，铁原子核成为恒星中心部分后，恒星就不会再发生核聚变反应。那比铁重的元素是如何形成的呢？

恒星会发光是因为内部不停地发生核聚变反应，不再发生核聚变反应意味着恒星已接近死亡。由铁元素构成的恒星最后迎来了超新星的爆发。超新星爆发的过程尽管相对短暂，但其独特的物理环境可能诱发其他核反应过程——快中子俘获过程和质子俘获过程，合成出比铁重的元素。通过对超新星爆发的观测，原子序数为 98 的锎被确认在此过程中合成。因此，可以认为大多数比铁重的元素都是通过超新星爆发形成的。随着超新星爆发，重元素被喷射出去，飘散在星云里，提供了形成人类多彩世界的物质基础。就世界而言，超新星爆发并不仅是生命的结束，也是生命的开始。这场壮丽绚烂的爆发，堪称一部创造世界的宇宙史诗。

我们都是尘埃

地球和所有行星都是由恒星物质组成的，所有生物的大部分原子也都是在恒星中诞生的。碳、氧、氮是生命不可或缺的三种元素。如果没有这三种元素，我们已知的所有生命——你喜欢的宠物猫、公园里的花草、沙漠里的胡杨，包括你自己——都将不存在。

就像前面提到的，在每颗恒星内部，原子不断聚合形成新的元素。当核聚变停止时，恒星核心会爆炸并释放出大量能量，星体支离破碎，所有原子会扩散到太空中，成为构成万物的基础。

宇宙空间看上去是空的，事实并非如此——里面拥有丰富的元素。比如，过去几代恒星死亡爆发喷出的碳、氧、氮等，它们最终又成了新恒星的一部分。

亘古及今，生命的基本元素碳、氧、氮以及我们身体内的其他元素，都是很早以前在某颗恒星中孕育出来的。

正如天文学家卡尔·萨根所说，"我们都是尘埃"。

思考题

1. 为什么质量大的恒星寿命短？
2. 大质量恒星与小质量恒星演化后期有什么不同？

5　穿越银河系

我们生活的现代城市的夜晚就像光的海洋，街道上的路灯、车灯川流不息，街道两旁的霓虹灯闪烁着光芒，这使得即使是在晴朗的夜晚，我们也难以看清夜空中的星辰。但来到远离喧嚣的郊外眺望星空，你会被夜空的两个特征震撼：首先映入眼帘的是数不清的珍珠般的恒星，它们分布在太空的各个方向，然后就是一道跨越夜空的光带，看起来就像用无数星光织就的宽阔丝带，这就是银河，中国古代称为"天河"，古希腊人则称为"牛奶路"。在夜空中，我们能看到的所有恒星——包括银河内的和散落在银河之外的，都属于银河系。地球、太阳以及太阳系的其他行星都在它的一条旋臂上。因为地球的自转，银河系看起来是从东边升起，向西移动，划过天际。

　　银河系是一个非常庞大的系统，直径约为 10 万光年，换句话说，光从银河系的一端到另一端需要移动 10 万年。这里包含 1000 亿~4000 亿颗恒星，还有庞大的星际气体和尘埃、神秘的暗物质，尤其特别的是，在银河系的中心有一个非常奇特的天体——被称为宇宙怪物的黑洞，质量达到几百万倍的太阳质量。接下来我们就一起穿越银河，领略它的奇异景象。

5.1　文学作品中的银河

　　银河，自古至今照耀在人类的夜空中亘古不变，常常成为文人墨客赞美自然之壮美和恢宏的载体。古人不知道银河是什么，把银河想象为天上的河流。欧洲人把银河想象成是天上的神后喂养婴儿时流淌出来的乳汁形成的，叫它牛奶路，英文中的银河（Milky Way）就是这么来的。在中国，早在先秦时代就用地上的黄河和汉水代称天上的银河，即河汉。

　　在我国古代，无数诗人钟情于银河，比如李白《望庐山瀑布》中的"飞流直下三千尺，疑是银河落九天"，还有很多诗人以自己的想象给银河许多优雅的别称。比如曹操《观沧海》中"日月之行，若出其中。星汉灿烂，若出其里。"将银河称为"星汉"；陆机《拟迢迢牵牛星》中"昭昭清汉晖，粲粲光天步。牵牛西北回，织女东南顾。"将银河称为"清汉"；杜甫《阁夜》中"五更鼓角声悲壮，三峡星河影动摇"将银河称为"星河"；王建《秋夜曲》中"天河悠悠漏山长，南楼北斗两相当"将银河称为"天河"。还有一些诗人将银河称为"天汉""云汉""银汉""绛河""银湾"等。

中国神话故事是一个绚丽多彩的文化宝藏，牛郎织女的传说是其中璀璨的明珠。我们都听过牛郎织女鹊桥相会的故事，农历七月初七是传说中牛郎与织女一年一度在银河鹊桥相会的日子，也是中国传统节日里最具浪漫色彩的"七夕节"。那你知道这个神话故事的来源吗？

牛郎织女的传说可以追溯到西周时代，也就是距今三千多年以前。《诗·小雅·大东》写道："维天有汉，监亦有光。跂彼织女，终日七襄。虽则七襄，不成报章。睆彼牵牛，不以服箱。"可译为：天上有永恒的银河，星星永远放着光芒。织女星每日从升起到落下固定为七个时辰。虽然它每天七个时辰在天上，却未织出一匹布来。看对岸的牵牛星，没有发现他的牛车装满丝绸。这里记录的牛郎星和织女星，可以说是织女、牵牛最早的文字记载，但内容却和爱情无关，里面织女、牵牛指天汉二星。

汉朝《古诗十九首》中有："迢迢牵牛星，皎皎河汉女，纤纤擢素手，札札弄机杼。终日不成章，泣涕零如雨。河汉清且浅，相去复几许。盈盈一水间，脉脉不得语。"意思是：牵牛星和织女星在银河两边对望，织女因为思念忧伤，虽是成天织布，一天下来也没有织成一匹布。银河看起来那么浅，他们却无法用言语交流，只能默默看着。这里牵牛、织女虽仍为天上二星，但人物形象已隐现其中，呼之欲出。从中可以看出牛郎织女是有情人的神话已有基本轮廓。

南朝梁殷芸《小说》中说："天河之东有织女，天帝之女也，年年机杼劳役，织成云锦天衣，容貌不暇整。天帝怜其独处，许嫁河西牵牛郎，嫁后遂废织纴。天帝怒，责令归河东，许一年一度相会。"牵牛织女的神话已完整形成。

在夏天晴朗的夜晚，找一处没有城市灯光影响的安全地方，最好在天黑后两小时左右，抬头仰望，在头顶附近，你会看到银河中间与两边有三颗明亮的星星，其中最亮的一颗呈青白色，在银河西北边，这就是织女星。织女星的下方有四颗较暗的星组成小小的平行四边形，它们就是神话传说中织女编织的美丽云霞和彩虹的梭子。在织女星南偏东即银河的东南边的亮星，就是牛郎星（又名河鼓二）。牛郎星是一颗微黄色的亮星，其两边的两颗小星叫扁担星，传说中是牛郎挑着一对儿女。每年"七七"之夜是月亮接近银河的时候，月亮的光辉恰好能照在银河上，更便于人们观星。用天文望远镜观看，会看到银河里密密麻麻的星群，而半个月亮的余辉洒向银河便成了人们想象的"鹊桥"。

根据现代天文观测及测算结果，牛郎星距我们有 16 光年，织女星距离我们有 26 光年，两星之间相距约 16 光年，这意味着即使牛郎给织女打个电话，织女也要等到 16 年后才能听到。因此，他们每年的"七七相会"，是根本不可能发生的。

5.2 银河系的尺寸和形状

地球、太阳和我们的太阳系都属于银河系，那身在银河系中的人类，又是如何得出银河系的样子呢？20 世纪以前，天文学家关于宇宙的概念与现代观点截然不同。人们根本不能区分"我们的银河系"与"宇宙"。至于"太阳不是银河系的中心"与"银河系不是宇宙的中心"这两个紧密联系的观点经过很长时间和可靠的观测证据才得到广泛的认可。

5.2.1 银河系恒星计数

400 多年前，首次将天文望远镜指向银河的意大利物理学家伽利略发现银河白茫茫的光带里布满了恒星，得出银河是由无数恒星构成的。后来，被誉为"恒星天文学之父"的英国天文学家威廉·赫歇尔利用改良的望远镜对星空进行系统观察，发现恒星在有些方向多有些方向少。1784 年，威廉·赫歇尔将天空均匀分成几百个区域，并为望远镜中每个区域的恒星计数，试图了解天空不同地方星星是如何分布的。基于观测统计分析，他认为，夜空中的恒星均匀分布在"磨盘"状的空间，太阳系大约位于靠近中心的地方。从地球望向银河，可以看到较近的星星，而大量遥远的星星因为太暗而无法用肉眼分辨，因此只能看到白茫茫的光带，这就是我们看到的银河。1785 年，威廉·赫歇尔绘制出第一张银河截面图，首次确认了银河系为盘状结构。

今天我们知道银河系直径达 10 万光年，太阳的位置远不在其中心，它只是银河系中的一颗普通恒星。显然，如此庞大的银河系，仅仅依据直接观察来推测银河系真实的样子是不可能的。

5.2.2 测量银河系的"标准火烛"

"标准火烛"是天文学家测量遥远天体距离的特殊天体。能够充当"标准火烛"的天体不止一种，但它们都具备两个特点——亮度已知、足够亮，这样只要测量出这种特殊天体的视亮度（在地球上看到的恒星的亮度），结合它真正的亮度，天文学家就能推算出它到地球的距离。

"造父变星"是首先被发现可以用作"标准火烛"的天体，它是一种亮度变化很有规律的星。1908 年，听障人士女天文学家勒维特发现大麦哲伦星系（银河系的伴星系）中造父变星亮度变化的周期长度和它的发光能力成正比，这意味着测量一颗造父变星的光变周期就可以确定它实际的发光本领，再结合在地面上测量的视亮度，就可以计算出它到我们的距离（勒维特因此获得 1924 年的诺贝尔奖。为纪念她，第 5383 号小行星被命名为"勒维特"）。1915 年，美国天文学家哈洛·沙普利利用银河系中球状星团（由上万颗恒星在引力束缚下组成的集团）中的造父变星确定了球状星团到我们的距离。发现球状星团的空间分布和围绕旋转的中心并不是太阳，而是在人马座区域（距离太阳 8 千秒差距，直径约 30 千秒差距），那里才是银河系的中心，太阳系更靠近银河系的边缘。近年的研究显示，银河系直径约 10 万光年，太阳系距银河系中心约 2.8 万光年，位于名为猎户臂的旋臂上（图 5.1）。

图 5.1　桂林上空的银河系（图源：摄图网）

5.2.3 银河系结构

观测和研究表明,银河系是太阳所属的一个庞大的恒星集团(天文学上称为星系),约包括 10^{11} 颗恒星,银河系中大部分恒星分布成扁平的盘状,盘的直径为 25 千秒差距(1 秒差距 =3.26 光年 =3.09 亿亿米),厚度约为 2 千秒差距。盘的中心有一球状隆起,称为核球。盘的外部由几条旋臂构成,太阳位于其中一条旋臂上,距离银心约 7 千秒差距。银盘上下有球状的延展区,其中恒星分布较稀疏,称为银晕。银晕的总质量约占整体的 10%,直径约为 30 千秒差距。从太阳的光度、质量和位置看,它都只是银河系中一个极普通的成员。

怎么理解银盘的厚度呢?举例来说吧,太阳近邻的银盘在垂直方向上较薄,大约是银河系直径的 1%。对于银河系半径来说,银盘也许是薄的,但是对于人类而言,它是巨大的,即使你以光速行驶,也要花上 1000 年才能穿过银盘的厚度。

天文学家通过射电观测仪器清晰地揭示了银河系旋臂的形态,这里是发生恒星形成的星际气体最为致密的区域。

对于银河系中心核球内部及附近的气体与恒星的研究分析表明,核球实际上形如一个橄榄球,宽度大约是长度的一半,长轴位于银盘面内。

现在,借助光学观测、射电技术,基于对银盘内的年轻恒星和气体以及银晕里年老恒星和球状星团的观测,天文学家已经了解了银河系的真实面目和各部分的特性,表 5.1 可以帮助你快速了解。

表 5.1 银河系各部分区别

类别	银晕	银盘	核球
形状	接近球状,轻微扁平	扁平	棒状
恒星年龄	年老	年轻和年老	年轻和年老
星际成分	不含气体、尘埃	包含气体、尘埃	包含气体、尘埃
活动	100 亿年前停止恒星形成	持续有恒星形成	内部区域有恒星形成
物质运动	恒星各方向随机运动	恒星、气体、尘埃在银道面圆周运动	恒星既有随机运动又绕银心运动
结构	无明显结构	旋臂、尘埃	中心区域存在气体和尘埃环
颜色	偏红	整体白色,旋臂蓝色	淡黄色

5.2.4 为银河系称重

经典物理的开普勒第三定律将互相绕转的两个物体的周期、轨道大小和质量联系起来,具体表述为

$$总质量(太阳质量) = \frac{轨道半径(天文单位)^3}{轨道周期(年)^2}$$

按照上面的公式,将太阳系某行星绕太阳运转的轨道周期和轨道半径代入,计算的结果就是太阳的质量。

借助开普勒第三定律,通过研究银盘内气体云和恒星的运动,天文学家可以得到银河系的质量。现在将太阳与银心的距离(大约为8千秒差距)和太阳的轨道周期(约为2亿2500万年)代入,$(8000 \times 206000)^3 / (225000000)^2$,得到的质量为将近 9×10^{10} 太阳质量,也就是太阳质量的900亿倍!那这是银河系的质量吗?我们已经知道,银河系物质分布在一个很大的空间里,它的质量并不集中在银心,其中一些位于太阳的轨道内(也就是距离银心8千秒差距以内)。也就是说,上面利用太阳围绕银心的运动计算出来的质量是位于太阳轨道内的那部分银河系的质量。或者说,这个质量不包含太阳轨道之外的质量。如果要确定更大尺度的银河系质量,我们必须测量距离银心较远的恒星和气体的轨道运动。

由于光学观测受星际尘埃影响,对银盘上气体的观测需要射电波段观测,它可以让我们探测到太阳轨道之外更远的距离。由此,射电天文学家确定了到银心不同距离的银河系的自转速度,获得了旋转速度与到中心距离的关系图(银河系的自转曲线),再利用上面公式就可以计算得到银心任意距离内总质量。例如,距离银心15千秒差距(球状星团和已知旋涡结构确定的尺度,也称可见宇宙)以内的质量大约是 2×10^{11} 倍太阳质量,大约是太阳轨道内质量的两倍。

牛顿运动定律预言银河系所有的质量都在可见结构的边缘以内,但银河系真实的自转曲线暗示在太阳轨道之外,逐渐增大的半径范围内包含的总质量也在继续增加,明显能够持续到至少40千秒差距或50千秒差距的距离处。根据公式可计算出40千秒差距以内的质量大约为 6×10^{11} 倍太阳质量。由此可以推断在银河系发光的部分(恒星、星团和旋臂组成的部分)之外,还存在至少比内部大两倍的质量!

5.3 我们的位置

20世纪初期，美国天文学家哈洛·沙普利利用变星的观测数据取得了关于银河系球状星团的两大重要发现：第一，大多数球状星团距离太阳都非常遥远——达到上万秒差距。第二，通过测量每一个星团的方向和距离，证明了球状星团分布在一个大约30kpc的巨大的邻近球状空间中。然而，这一分布的中心并不在太阳附近；相反，它距离我们8kpc，在人马座方向上。

作为一次知识的卓越飞跃，哈洛·沙普利意识到球状星团的分布能够描绘出银河系恒星的真实外延，也就是我们所说的银晕。而在大量物质的包围中，距离太阳8kpc的位置就是银心。事实上，我们生活在这个巨大集合体的"郊区"——由穿过银晕中心的一层薄薄的年轻恒星、气体和尘埃组成的银盘。

哈洛·沙普利利用球状星团定义银河系恒星分布的大胆解读是人类理解自己在宇宙中的位置方面迈出的巨大一步。500多年前，人们还认为地球是所有物质的中心，但哥白尼认为地球并不处在特殊的位置，也不是太阳系的中心。在哈洛·沙普利所处的时代，主流思想认为太阳不仅是银河系的中心，也是宇宙的中心，但是哈洛·沙普利却不苟同，通过观测，在较短时间内，测出比之前精确将近10倍的银河系质量，同时也将太阳放逐到银河系边缘。

哈洛·沙普利对银河系的质量以及我们所处的位置做出了巨大修正。但奇怪的是，这一修正仅强化了他认为银河系基本上就是整个宇宙的错误观点，而对于是否存在其他与银河系一样大小的星系却提出了疑问。1920年，哈洛·沙普利与利克天文台天文学家赫伯·柯蒂斯展开了著名的科学论战，其中就包括银河系的大小。哈洛·沙普利正确地断定银河系的直径远比基于恒星计数得到的"传统"数值大得多，却错误地认为，除了银河系，不存在其他相似大小的星系。而赫伯·柯蒂斯错误地接受了银河系的较小的尺寸，却正确地认为可能存在其他与银河系相似的星系。

由于当时的观测结果无法解决他们之间的分歧，论战无疾而终。但随着技术的发展，在几年后的1925年，美国天文学家埃德温·哈勃（1889—1953）便观测到仙女座星云的造父变星并成功测定其距离，证实了仙女座星云是银河系之外的一个独立星系。

近年的研究显示，银河系的基本结构包括银河中心的核球、银晕和银盘，而银盘又包括厚盘和薄盘。太阳系距银河系中心 2.5 万 ~2.8 万光年，位于名为猎户座的旋臂上。而银河系的星系核并非圆形，其旋涡的核心是成棒状的，图 5.2 为银河系外观。

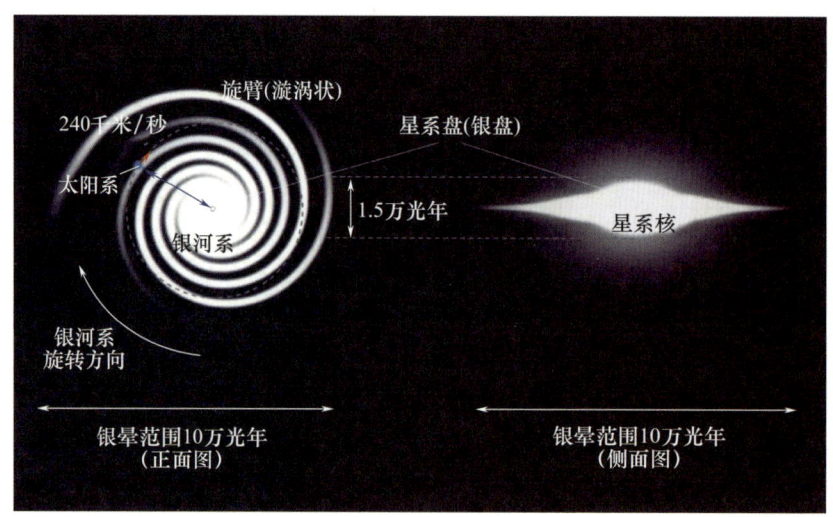

图 5.2　银河系外观

5.4　银河系全景

自哈洛·沙普利时代起，天文学家就在银晕中确认了许多独立的恒星——也就是说不属于任何球状星团的恒星。

5.4.1　恒星——镶嵌在银河的宝石

"一闪一闪亮晶晶，满天都是小星星。挂在天上放光明，好像许多小眼睛……"我们对幼时的儿歌记忆深刻，这些银河里闪亮的星星大部分都是恒星，在夜幕衬托下，满天星星像珍珠撒在碧玉盘里。而巨大的银河穿过深邃广阔的天空，从我们头顶倾泻下来，又像一道气势磅礴的瀑布。

像太阳一样自身能发光发热的星球就是恒星。无论个头、质量还是年龄，太阳都不过是银河系里较普通的一个，像太阳一样的恒星在银河系中有几千亿颗。

众多恒星在银河系是怎样分布的？银晕缺乏气体和尘埃，所以不能形成新的恒星，所有的晕星都是年老的，它们早在银盘形成之前就出现了，而那时它们的运动轨道还没有特定的方向。富气体的银盘是目前恒星形成的地方，并且包含许多年轻恒星。银盘形成之后，盘内诞生的恒星承袭了它整体的旋转，因此在银盘内沿着圆形轨道运动。

太阳是一颗正值青壮年的恒星，与类太阳恒星相比，银河系里年轻恒星、星际气体与银盘面的关系更紧密，而类太阳恒星比更年老的 K 型和 M 型矮星更靠近银盘面。原因在于，恒星是在距离银盘面较近的星际云内部形成的，随着时间的推移，由于与其他恒星和分子云之间的相互作用，恒星会向盘外部运动。因此，随着恒星年龄的增长，银盘面上方和下方的恒星会逐渐增加。但这并不适用于银晕，银晕内年老的恒星和球状星团的分布一直延伸到距离银盘面较远的空间，因为银晕似乎是银河系演化早期阶段的遗迹，并且比银盘的形成更早。

近年来，不断进步的观测技术揭示了一类无论年龄还是空间分布都介于年老的晕星与年轻的盘星之间的银河系恒星，它们是由年龄在 70 亿~100 亿年间的恒星组成的。这个被称为银河系厚盘的成分，其分布范围有 2~3kpc，与银晕相似，这一成分似乎也是银河系遥远过去的遗迹。

5.4.2　气体、尘埃和绚烂的星云

太阳是太阳系唯一的恒星，但它只是银河系一颗普通的黄矮星，恒星和恒星之间看上去空洞的区域并不是空无一物，其中充满着气体和尘埃——星际介质。它们一方面是恒星形成的原料，另一方面是恒星死亡后抛射出来的遗骸。这些气体、尘埃和恒星在物理结构上是密切联系的，恒星、尘埃、气体构成银河系的重要组成部分。

星际空间即星系内恒星之间的区域，是气体云和尘埃的家园。这种星际介质包含星系形成时的原始残余物、恒星的碎片、未来恒星和行星的原材料，它们对了解星系的结构和恒星的生命周期是必不可少的。

气体和尘埃

大多数恒星之间的空间比在地球上的实验室所制造的最好的真空要纯净得多。然而，

它并不是真的空：星际介质很复杂。氢和氦约占星际介质质量的98%，剩下的2%是更重的元素（如碳、氧和其他原子序数大于氢和氦的元素），天文学家称为"金属"。这些原子大多以气体的形式存在，但大约一半的较重元素形成尘埃（一种由碳分子组成的相对较大的颗粒）。星际尘埃完全不同于我们熟悉的粉笔灰或是由极微小颗粒构成的烟尘、雾。它们来自遥远恒星的光无法穿透星际尘埃最致密的区域，就像汽车车灯无法照亮浓雾中前方的路。

尽管只占星际介质的1%，星际尘埃非常善于吸收可见光，尤其是光谱的蓝色端，这使其穿过尘雾的星光会显得更红，有时会被完全阻挡。因此，天文学家用无线电和红外线来研究这些尘埃云，但至今人们没有完全弄清楚星际尘埃的构成。

相比于星际尘埃，天文学家通过观测已经较充分地了解了星际气体。大约有一半的星际气体分布在恒星间98%的空间中。尽管这种"云间气体"的密度非常低，但它会被来自恒星的光加热，其中最热的部分可以达到数百万摄氏度，即使是温度相对较低的部分也比太阳表面温度高，低密度意味着云间气体只能发出低水平的可见光。另一半星际气体被压缩成2%的体积形成星际云，这些云大部分是冷的，但密度仍然相对较低，这意味着不会与氢原子相遇形成分子。密度最大的星际云是分子云。分子云非常密集，而且非常寒冷，约为$-263\,°C$。虽然整个星际介质中都存在尘埃，但它们在分子云中的浓度足够高，使分子云看起来像一个不透明的黑色斑点。分子云在大小和密度上差别很大，从直径小于1光年的小分子云到直径超过100光年的巨型分子云，其中包含的物质足以制造数十万颗恒星。最密集、最不透明的分子云是恒星诞生的地方，当有东西扰乱了云团时，就会导致大量气体和尘埃在自身重力作用下坍缩，最终形成恒星。

绚烂的星云

星际介质在深邃的星际空间里延伸数百甚至数千光年，尺度比恒星和行星大很多；同时，星际介质也是宇宙中发生各种神奇变化的场所。尽管它散布在广袤的宇宙恒星之间的黑暗区域中，但也会偶尔显示自身的轮廓。历史上，天文学家曾用星云指代天空中一切"模糊不清"（或明或暗）的天体，不同于恒星和行星，它们的边界比较模糊，但在天空中则可以被清晰地辨认。现在我们知道，那些星云很多都是星际气体和尘埃。

如果星云遮挡了视线后面的恒星，我们就会在明亮的天空背景上看到一小块黑色的区域，我们称之为暗星云。但如果星云内部有一些天体，例如年轻的恒星，能使这团云发光，我们就会看到明亮的发射星云，许多发射星云都是红色的。另外一类星云是反射星云，与红色的发射星云不同，反射星云中的尘埃颗粒将附近的恒星光散射，因而看上去像是在发出蓝光。这与地球蓝色的天空有着异曲同工之妙，因为波长更短的蓝光更容易被星际介质散射并传向地球，落在探测器上。另外，宇宙空间还存在一些充满均匀的中性原子或分子的发光气体云。

发射星云是由星际气体组成的发光的云。由于云气中的尘埃阻挡光线使发射星云经常会呈现出一些看起来很有趣的景象，它们也因此被赋予传神的名称。最著名的如距离地球约6500光年鹰状星云M16中心的"创生之柱"，如图5.3所示。图中清晰可见三根巨柱——由冷气体和尘埃组成的长达数光年的恒星形成的柱。它们是正在形成恒星的星际气体云的一部分，其余附近的气体云则早已被加热，在光致蒸发作用下被恒星所产生的辐射所驱散，图中柱体边缘的绒毛状结构正是因此产生的。随着光致蒸发的继续，不太致密的星际介质首先被耗尽，而先前气体云中较为致密的部分得以保留下来，这个过程如同流水侵蚀海岸边的岩石而雕蚀出令人惊骇的结构，柱状结构最终会被摧毁，但至少在未来的几百或几千年内还不会发生。

图 5.3 鹰状星云的"创生之柱"（图源：摄图网）

围绕着金牛座M45昴星团的反射星云是较容易观测到的反射星云之一，在晴朗无月的晚上，利用望远镜可看到整个星团是被淡蓝色的星云包裹着的。距离地球 1500 光年的猎户座反射星云 NGC 1999 是另一个典型的反射星云。

有些星云是由反射星云和发射星云结合在一起的，例如三裂星云。最有名的暗星云当属猎户座的马头星云，图 5.4（a）展现了这一壮丽星云。它距离我们约 1500 光年，从我们银河系的位置看上去，恰好呈现出我们熟悉的马头状，而图 5.4（b）是被照亮的马头星云的云顶部。马头星云是活跃的恒星形成星云前密集气体云的一部分。

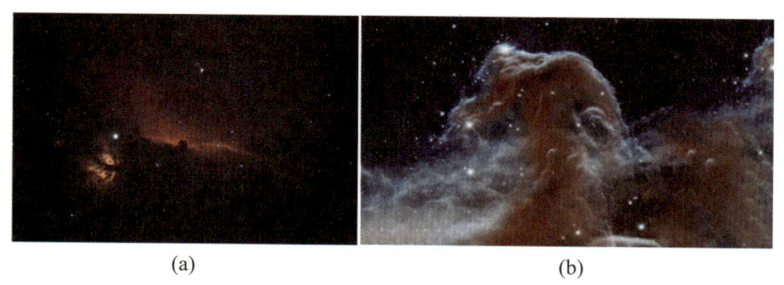

图 5.4　马头星云和被照亮的星云顶脊（图源：摄图网）

5.4.3　银河系的中心怪物——黑洞

太阳系是银河系几千亿个恒星系统中的普通一员。因为银盘的星际介质的遮挡，我们无法看到银河系中心区域的壮观景象，但结合射电、红外线和 X 射线观测，天文学家发现了银河系的中心区域（距离地球约 26 万光年之外）的高能活动。据此，天文学家提出银河系中心有一个超大质量黑洞——与恒星形成的黑洞不一样，它的质量超过了 400 万个太阳质量，但地球的公转轨道就能"罩住"它。

漫长的身份确认

早在 1931 年，美国无线电工程师、天文学家卡尔·央斯基（被称为射电天文学之父）就探测到来自银河系人马座方向的射电信号。从 20 世纪 90 年代开始，天文学家们对银河系中心区域的恒星进行了多年的跟踪观测。2009 年，一个国际天文学家团队历经长达 16 年的红外观测得到其中 28 颗恒星的轨道，发现它们在围绕着一个看不见的天体转动。其中编号为 S2 的恒星在众多恒星中最为引人注目，16 年恰好能观察到它的一个完整周期。结果发现 S2 离银河系中心人马座 A*区域（Sgr A*）最近时仅有 17 光时（光 1 小时走过的距离），这意味着它环绕运行的银河系中心看不见的天体的尺度大小不到17光时，拥有的质量却达430万倍太阳质量。8年之后，该团队根据已经确定的40颗恒星的轨道中的17颗恒星的轨道分析，更为精确地计算出银河系中心黑洞质量为428万倍太阳质量。同时，其他致力于测量银河系中心黑洞质量的团队也根据多年观测数据得出了类似的黑洞质量估计。

在如此小的区域内，却拥有400多万倍太阳质量，难以找到其他类天体具有这样的性质，于是，天文学家们认为银河系中心潜伏着一个超大质量黑洞。2022年5月12日，EHT（事件视界望远镜项目）合作组织发布了银河系中心黑洞的首张照片，为银河系中心超大质量黑洞 Sgr A* 的真实存在提供了首个直接视觉证据。

黑洞 - 星系的联系

黑洞是宇宙中常见的天体，几乎每一个大型星系都拥有至少一个超大质量黑洞。天文学家们发现，这些黑洞通过产生流向或离开星系中心的物质流，帮助它们塑造了所在星系的形状。

如今，银河系的黑洞非常安静，但有证据表明，在过去它是"活跃的"，喷射出物质，并扰动着银河系的中心部分。这与对其他星系的观察是一致的，在早期，这些星系通常存在着非常活跃的黑洞，被称为类星体、耀星和其他现象。银河系中心的黑洞，在数十亿年前很可能就是其中之一。

了解黑洞如何影响其宿主星系是研究星系结构和演化的一部分。天文学家已经观察到黑洞如何抑制恒星形成或促进恒星形成的迹象，这取决于环境。此外，当星系合并或吞噬彼此时会改变黑洞的环境。

5.4.4 银河系的神秘物质

基于对银河系的观测，天文学家认为银河系的发光部分，也就是由球状星团和旋臂描绘的部分，仅仅是"银河系的冰山一角"，银河系实际上要大得多。因为探测到的恒星和星际物质加起来不足以解释计算所得到的质量，于是天文学家得到这样的结论：银河系中的大部分质量是以不可见的暗物质形式存在的，但至今我们还无法理解这种物质。

天文学家通过直接测量恒星光度以及星际介质的射电辐射，可以估算出距离银心15千秒差距以内的恒星和气体的总质量超过 6×10^{10} 倍太阳质量（大部分质量都分布在银盘中）。将这一质量与利用银河系自转曲线推算的结果相比较，可以得到暗物质占据银河系总质量的 2/3。

因为暗物质可以逃过电磁波所有波段的探测，我们只能通过它的引力作用才能知道其存在。利用引力透镜，通过数年时间对成千上百万颗恒星进行观测，天文学家可以估计银晕中的暗物质量并了解恒星暗物质的分布。关于暗物质本质和对星系及宇宙演化的影响是当今天文学最重要的问题之一。

5.4.5　形态各异的星团

天文学上把恒星数量在十颗以上而且在物理性质上相互联系的星群叫作"星团"。它们来自同一块星云，分布于同一空间区域，成长于同样的环境中，唯一能区分同一星团中不同恒星的参数是质量。

星团是受引力作用束缚的一群恒星，它们源于同一块巨大星云。星团按形态和成员恒星数量等特征可分为疏散星团和球状星团。其中，疏散星团由十几颗到几千颗恒星组成，结构松散、形状不规则，主要分布在银河平面附近，主要由蓝巨星组成。球状星团由上万颗到几十万颗恒星组成，整体像球，较为密集，不仅出现在盘面附近，在盘面上下各个地方都可能存在。

疏散星团形态不规则，成员星分布得较为松散，少数疏散星团用肉眼就可以看见，如金牛座中的昴宿星团和毕星团等。疏散星团的直径大多数在3~30光年范围内。在银河系中已发现的疏散星团有1000多个，还有些可能处于密集的银河背景中无法辨认，或者受到星际尘埃云遮挡无法看见。据推测，银河系中疏散星团的总数有1万~10万个。金牛座中的昴星团（M45，见图5.5）是一个著名的疏散星团，眼力好的人可以看到这个星团中的7颗亮星，所以也被称为七姊妹星团，中国古代又称它为"七簇星"。用大型望远镜观察可发现，昴星团有几百颗星，是金牛座中一个肉眼可见的著名天体。这种恒星组合并非偶然，因为这些恒星大约在1亿年前一起形成，并通过引力相互结合。这些恒星在银河系中漂移，已经徘徊到尘埃云的边缘，尘埃云的微小颗粒反射了恒星的光，使星团呈现出蓝色。

疏散星团由于结构松散、星间引力较小，一旦受到扰动，恒星会在空间移动，这可能造成星团瓦解，此时，成员恒星间已失去引力束缚，但它们会在类似的路径上继续在空间中移动，这样的集团称为星协或移动星群。

球状星团曾经是银河系的主宰。在银河系刚形成的远古时期，或许有数千个球状星团在银河系内漫游，不过，如今只剩下不到200个。自古以来，许多球状星团在和其他星团或银河中心的宿命性重复接近后被摧毁。如今遗留下来的这些古天体，年龄高于地球化石及其他银河结构体,也为宇宙的大概年龄提供了下限值。由于条件不再合宜,银河系后来几乎未再形成年轻的球状星团。

球状星团的直径在 15~300 光年范围内,成员星平均空间密度约为太阳附近恒星空间密度的 50 倍,中心密度则约为 1000 倍。球状星团中没有年轻恒星,成员星的年龄一般都在 100 亿岁以上,并据推测和观测结果,球状星团中有较多死亡的恒星。图 5.6 展示了一个巨大的由成千上万颗恒星组成的球状星团,就像一袋闪闪发光的钻石。

图 5.5　昴星团(图源:摄图网)　　　图 5.6　球状星团(图源:摄图网)

5.5　银河系的形成

千百年来,人们为了揭开广袤银河和浩瀚宇宙的奥秘,从未停止过探索的脚步。

2016 年,埃里克·蔡森和史蒂夫·麦克米伦在《今日天文 星系世界和宇宙的一生》中描绘了银河系演化的图像,虽然不是所有的天文学家都认同演化中的全部细节,但是整体图像已经得到广泛认可。考虑到核球很多方面的性质都介于银盘和银晕两种状态之间,讨论内容集中在银盘和银晕上。

按照他们给出的图像,银河系演化的起点是一团收缩的原星系气体云。当第一代银河系恒星以及球状星团形成时,银河系内的气体弥漫在一个不规则且非常延展的空间内,在各个方向的跨度都达到几十千秒差距。因此,第一代恒星分布在整个空间中。今天,银晕中恒星的分布就反映了这一点(对应着它们诞生时的印记)。还有些天文学家认为,在一些更小的系统内,更早地形成了最早一代的恒星,而这些系统后来并合形成了银河系。许多恒星可能就是在并合过程中随着星际气体云的碰撞和坍缩而诞生的。

自演化早期，自转使银河系内的气体变得扁平，并形成一个相对较薄的银盘。这个过程与太阳星云在太阳系形成时的扁平过程相似，只是发生在一个相对较大的尺度上。银晕中的恒星形成在数十亿年前就停止了，而原始的气体和尘埃冷却并掉落到银盘上。银盘上持续形成恒星，使它呈现蓝色的光，但是银晕中生命短暂的明亮蓝星早已熄灭，只剩下寿命较长的红色恒星使银晕呈现出典型的粉色光晕。银晕非常古老，而银盘充满年轻的活力。关于银盘恒星组成的研究表明，银晕气体的掉落直到今天还在持续。

这一理论同时也揭示了晕星的随机运动与盘星更加有序的运动。当银晕形成时，形状不规则的银河系只是在做非常缓慢的自转，因此不存在物质集中运动的方向。所以，晕星在形成之时能够自由地在几乎任意的方向上运动，导致我们今天所看到的银晕的随机运动。但是，在银盘形成之后，在它的气体和尘埃中形成的恒星继承了它的自转运动，因而会沿着明确的圆形轨道运动。而厚盘的轨道性质则再次印证了当它们形成时，仍然有气体掉落在银盘面。

2022年，基于中国科学院国家天文台郭守敬望远镜和欧洲航天局盖亚太空望远镜的巡天观测数据，研究人员获取了迄今最为精确的大样本恒星年龄信息，并按照时间顺序，绘制了银河系幼年和青少年时期的形成与演化图像，刷新了人们对银河系早期形成历史的认知，《自然》3月24日以封面文章的形式发布了这一银河系研究的重要进展。

研究中根据运动特征和元素丰度（元素的相对含量），将元素丰度覆盖范围从太阳丰度的1/300到3倍，空间覆盖范围达3万光年的25万颗亚巨星（处于恒星主序演化阶段向红巨星演化阶段过渡阶段的恒星）分为两组，分别表征银河系薄盘和银晕恒星及厚盘恒星，研究得到的恒星年龄测量精度达7%。研究发现，从年龄上看，两组恒星以大约80亿年为界清晰地分为两组。这意味着从时间上银河系的形成和演化历史可以明确分成两个阶段：从130亿年前到80亿年前的早期阶段和80亿年前至今的晚期阶段。早期阶段形成了银河系的厚盘和银晕并且大多数厚盘恒星形成于约110亿年前的一次集中爆发；晚期阶段形成了银河系薄盘，而薄盘形成过程一直持续至今。

至此，一个时间轴上被精确刻画的早期银河系形成和演化图像得以呈现。

思考题

1. 为什么没有年轻的晕星？
2. 为什么从地球上很难看到银河系的全貌？

6　探寻宇宙空间

宇宙星空自古就是令人产生无限遐思的地方，宇宙的庞大让人难以想象，在某种程度上可以说宇宙是无限的。那些能用肉眼或借助天文望远镜看到的东西，例如宇宙中的各种星际物质、小行星、行星、地球、太阳、恒星、银河系、星团、星云、类星体、星系等，即使隐藏于最黑暗的角落，只要有光照我们就能发现它们，但这是宇宙的全部吗？2013年，欧洲航天局发射了宇宙微波背景探测卫星"普朗克"，其研究成果显示，构成整个宇宙的所有物质、能量中，常见物质（"可见宇宙"包含的物质）占比仅4.9%，而暗物质占比26.8%，暗能量占比68.3%。也就是说，包括宇宙中闪耀的恒星在内，构成宇宙的各种元素在整个宇宙的物质、能量中的占比不到5%。而这留给了人类太多未解之谜。

宇宙有没有起源和终结，它是永恒的还是演化的？各种文明都有自己关于宇宙起源的看法，在中国，有盘古开天辟地的传说；在西方，有上帝创造世界的神话。至于创世纪以后的情形，中国古代文献中有共工怒触不周之山，撞断天柱，天塌地陷，女娲补天的故事等。17世纪以后，随着自然科学的飞速发展，特别是康德（德国哲学家，1724—1804）关于太阳系起源的星云说、达尔文（英国生物学家，1809—1882）关于物种起源的进化论学说的提出，不断冲击着"天不变，道亦不变"的僵化自然观的地位。到20世纪，以众多观测事实为依据的科学的宇宙起源和演化理论正式宣告诞生。

6.1 宇宙星系大家族

人类自古居住在地球，最先了解的是我们的卫星——月球，月球与地球一起构成地月系统；地球所有的能源来自太阳，地球和其他七大行星及它们的卫星在以太阳为中心的椭圆轨道旋转，连同其他"碎片物质"组成的太阳系是人类认识的第二个空间层次；太阳带着它的家族成员作为普通一员位于10万光年大小的银河系的一条旋臂上，这就是"宇宙"的层次结构吗？远远不是。同"可见宇宙"相比，银河系只不过是"沧海一粟"。"可见宇宙"

有 1250 多亿个星系。这个数字有多大？用沙滩上的沙子类比，10 亿粒沙子能装满一辆大卡车，要装载 1250 亿粒沙子，需要 125 辆大卡车。

从质量看，星系的差别很大，一般在太阳质量的 100 万~1 万亿倍之间。银河系的质量约为 $10^{11}M_\odot$（太阳质量），在宇宙明亮的星系中，这是典型的大小。质量较小的星系太暗，不易被看到。就大小而言，星系的平均尺度为几十千秒差距。

6.1.1 星系的类型

就像银河系，星系的样子看起来与恒星通常的锐利、点状的图像一点也不一样，它们有模糊的边缘，而且很多都是在一定程度上被拉长的。即使考虑它们在空间中的不同方向，星系看起来也还是不一样的。有一些有明亮的星系盘和旋臂，天文学家称为旋涡星系，例如银河系和仙女座星系；而另一些完全看不到星系盘或旋臂，很明显不是旋涡星系。

第一个对星系分类的人是美国天文学家埃德温·哈勃。1926 年，他基于观测到的星系外观将星系分为四个基本类型——旋涡星系（S）、棒旋星系（SB）、椭圆星系（E）和不规则星系（Irr）。据统计，不规则星系约占 3%，椭圆星系约占 20%，透镜星系（埃德温·哈勃未归为一类，详见下文介绍）数量很少，其他是旋涡星系和棒旋星系。多年来，许多修改和完善已经被纳入进来，但基本的哈勃分类法仍然被广泛应用。图 6.1 为星系的音叉分类，包含了典型的星系。

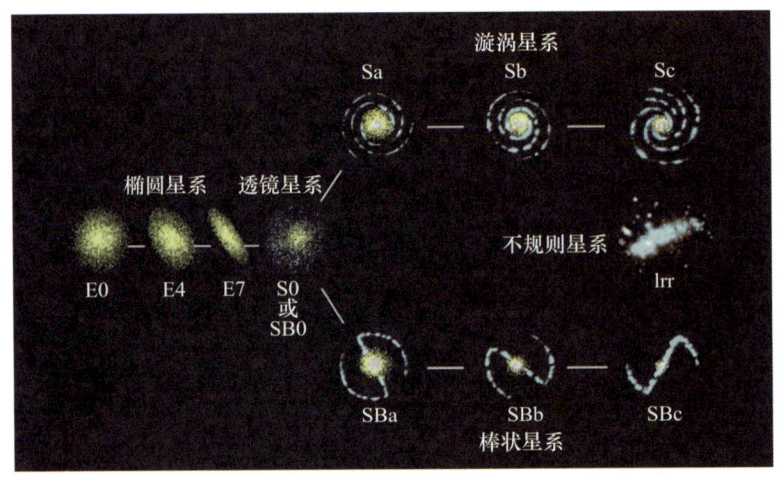

图 6.1　星系的音叉分类

旋涡星系

地球所在的银河系和邻居星系仙女座星系都是旋涡星系，它是宇宙中最常见的大型星系。这种类型的星系都包含一个扁平的星系盘，在盘上有旋臂，位于星系中央的核球有致密的核心，周围环绕着扩展的银晕，银晕中主要是较暗的年老恒星，位于核球中心的系核恒星密度（每单位体积的恒星数量）最大。

在这些总体"特征"之外，旋涡星系表现出各种各样的形状。在埃德温·哈勃的分类中，用大写字母 S 表示旋涡星系，并根据核球的大小细分为三个次型，分别用小写字母 a、b、c 表示。Sa 型的旋涡星系有最大的核球，Sc 型的核球最小。因为旋涡星系旋臂缠绕的松紧度和核球的大小紧密相关（虽然并不是完美对应），Sa 型旋涡星系往往有缠绕得比较紧密的几乎是圆形的旋臂；Sb 型的旋涡星系通常有更松散的旋臂；Sc 型的旋涡星系的旋臂往往很松散，旋涡结构也不太清晰。

旋涡星系的核球和银晕含有大量淡红色的老年恒星和球状星团，类似于我们在银河系和仙女座星系中观测到的。而旋臂发出的大多数光来自银盘中从 A 型到 G 型的恒星，因此，这些星系整体发出白色光芒。虽然也被假设存在有厚的星系盘，但它们实在太暗了，很难被观测证实（银河系中的厚盘发出的光仅占地球银河系总光量的 1% 左右）。

类似银河系盘面，观测已经证实，典型的旋涡星系的扁平盘面富含气体和尘埃。Sc 型旋涡星系含有的星际物质最多，Sa 型旋涡星系则含有的星际物质最少。恒星在旋臂中形成，旋臂中包含众多星云和新形成的 O 型和 B 型恒星，这使旋臂呈现偏蓝色。每年的 10 月和 11 月的晴朗秋夜里，遥望星空，在天球坐标为赤经 0 时 41 分，赤纬 41° 的地方，仅凭肉眼，你就可以找到一团闪烁着微弱光芒的椭圆形光斑，这就是仙女座旋涡星系。它是离地球所在的银河系最近的一个星系，包含 3000 多亿颗恒星。它和银河系很相似，呈旋涡状，有很多变星、星团、星云等，但规模比银河系大。在它身旁还有两个小星系，它们共同构成一个三重星系。图 6.2 呈现的就是著名的仙女座旋涡星系。

图 6.2　仙女座旋涡星系（图源：摄图网）

由于大多数旋涡星系并不是正对着我们的，许多是倾斜的甚至是完全侧对着我们，这使它们的旋涡结构很难被探测到。但天文学家依据星系盘的存在，以及它的气体、尘埃和新生的恒星，还是能够确认它们是旋涡星系。

棒旋星系

在埃德温·哈勃的分类中，棒旋星系被视作旋涡星系的一种变体。它们与普通旋涡星系的主要不同之处在于，一根细长的、主要由恒星和星际物质组成的、穿过核球的中央并向两端延伸到星系盘中的棒状结构的存在。旋臂从棒状结构的两端附近开始，而不是从核球开始。棒旋星系用大写字母 SB 表示，并像普通的旋涡星系一样，也细分成 SBa 型、SBb 型和 SBc 型，具体取决于核球的大小。同样，类似普通旋涡星系，旋臂缠绕的松紧度和核球的大小相关。

因为旋涡星系和棒旋星系在物理和化学方面的相似性，通常情况下，天文学家无法区别旋涡星系和棒旋星系，特别是当星系的盘面恰好侧对地球的时候，更是很难区分。然而，一些学者认为，它们结构上的差异非常重要，这些差异表明这两种类型的星系在形成和演化方式上有"根本的"不同。

椭圆星系

与旋涡星系不同，椭圆星系没有旋臂。在大多数情况下，除拥有一个致密的中心核外，椭圆星系没有明显的星系盘，它们基本没有表现出任何内部结构。与旋涡星系类似，在中央星系核附近恒星的密度急剧增加。椭圆星系用字母 E 表示，并根据它们在天空中呈现的椭圆形状分为若干次型。最圆的为 E0 型，稍扁平的为 E1 型，以此类推，最细长的椭圆星系类型为 E7。

椭圆星系的大小和包含的恒星数量有一个较大的范围。在一个极端，最大的椭圆星系比银河系大很多。这些巨椭圆星系的直径可以达到数十万秒差距，并包含上万亿颗恒星。在另一个极端，矮椭圆星系的直径可能小到 1kpc，包含的恒星数少于 100 万颗。它们的许多差异暗示天文学家，巨椭圆星系和矮椭圆星系具有相当不同的形成历史和恒星成分。矮椭圆星系是迄今最常见的椭圆星系类型，数量是较亮的椭圆星系的 10 倍。

旋臂的有无并不是旋涡星系和椭圆星系之间的唯一区别，大多数椭圆星系中气体和尘埃的含量较少，甚至没有。目前，没有证据显示那里有年轻的恒星或正在形成的恒星。就像银河系银晕中的情形，椭圆星系中的恒星大多数都是年老、偏红、小质量的。此外，就像银河系的银晕，椭圆星系中的恒星轨道是无序的，很少甚至根本没有整体旋转，天体向各个方向移动，而不是像银河系那样进行规则的圆周运动。

一些巨椭圆星系已经被发现含有气体和尘埃。在那里，恒星正在形成。天文学家们认为，这些星系可能是富含气体的星系之间碰撞的结果。事实上，星系碰撞可能已经发挥了重要的作用，确定了我们今天观测到的许多星系的外观。

透镜星系

在埃德温·哈勃的分类中，在 E7 型椭圆星系和 Sa 型旋涡星系、SBa 型棒旋星系之间，有一类呈现出薄盘和扁平核球的星系，但不包含气体和旋臂。这些星系中没有棒状结构的被称为 S0 型星系，有棒状结构的称为 SB0 型星系。因为有透镜形状的外观，它们也被称为透镜星系。它们看起来像被剥夺了尘埃和气体，只剩下一个星系盘的旋涡星系。

不规则星系

埃德温·哈勃分类的最后一类星系是不规则星系，一个包罗万象的类别，因为它的外观并不能归到前面讨论过的任何类别里。不规则星系大多含有丰富的星际物质和年轻的蓝色恒星，但没有类似任何清晰旋臂或中央核球的规则结构。它们被分为两个子类：不规则 I 型星系和不规则 II 型星系。其中，不规则 I 型星系看起来像畸形的旋涡星系。

通常，不规则星系比旋涡星系小，但稍大于矮椭圆星系。它们包含的恒星数量介于 10^8 和 10^{10} 颗之间。这类星系中最小的被称为矮不规则星系。类似椭圆星系，矮不规则星系是最常见的不规则星系。两者数量近似相等，一起组成宇宙中的绝大多数星系。

不规则星系经常被发现靠近一个更大的"父"星系。如银河系的伴星系大、小麦哲伦星系就是一对著名的不规则 I 型星系，绕银河系旋转，距银河系中心约 50kpc。大麦哲伦云包含约 60 亿个太阳质量的物质，宽度为数千秒差距，这两团"云"中含有大量的气体、尘埃和蓝色恒星（以及记录的超新星），表示恒星形成正在进行。它们还含有许多年老的恒星和一些年老的球状星团，由此，天文学家推测其内部的恒星形成已经持续了很长的时间。有意思的是，观测似乎暗示可能有一座氢"桥"连接银河系和麦哲伦云，但仍需要更多的观测数据支持。

不规则Ⅱ型星系罕见，除了其形状不规则外，还有其他特殊性，往往表现出明显的爆炸性或丝状的外观。它们的外观曾使天文学家怀疑其内部正在发生"暴力"事件。然而，在多数情况下，更可能的是我们所看到的曾经"正常"的两个星系近距离接触或碰撞的结果。

通常，我们把符合埃德温·哈勃分类的星系称为正常星系，光度范围为太阳的100万～1万亿倍。就光度而言，还有一些星系不太适合被分类进"正常"的星系类型，虽然看起来像正常星系，比如具有星系盘、核球、恒星、尘埃等，却拥有在可见光波长外的其他波长，明显"不同寻常"——光度可以巨大，典型的如射电星系（射电部分释放出大量能量，如半人马A）和类星体（人类能够观测到的非常遥远的类似恒星的高光度天体，比星系小很多，但是释放的能量是星系的千倍以上。类星体的超常亮度使其光能在100亿光年以外的距离处被观测到）。

6.1.2　星系也会碰撞

宇宙中有如此多的星系，它们会发生碰撞吗？答案是肯定的。对成千上万的成员星系构成的星系团而言，数百万秒差距的空间显得非常拥挤，碰撞十分常见，观测也证实了这一点，而且这种碰撞往往会成为星系演化的关键。

人类已经观测到许多星系碰撞的证据。比如星系进行"公牛眼"碰撞的结果——"车轮"星系，它外围有个椭圆框，中心是一个星系，而且它们之间看似有轮辐相连，所以也被称为"车轮星系"。2022年，由韦伯太空望远镜所拍摄的车轮星系影像就清晰呈现了车轮星系的环状结构，源自一个小星系穿过另一个大星系时，因为引力扰动挤压了星际气体和尘埃，造成如同池塘的涟漪向外传播般的恒星诞生波。除了这些，天文学家还清楚解析出此星系核心黑洞附近的活动。比如被称为星系的"死亡之舞"的星系合并。当两个庞大的星系进行激烈冲突时，一座交织着恒星、云气和尘埃的星系桥会连接两个星系，而这也有力地证明了这两个庞大的恒星系统曾近距离穿过彼此，它们间的相互引力引发了猛烈的潮汐，这种引力交互作用会历经数十亿年以上，反复的近距离穿越会导致其中一个星系灭亡，从广义上说，它们最终将合并为单一的星系。

这些例子向我们展示了一个星系与另一个星系的相互作用会产生多么具有戏剧性的结果。尤其是对它的星际气体——在交会过程中快速变化的引力压缩气体，常常导致整个星系范围新的恒星形成。

奇怪的是，虽然碰撞会严重破坏所涉及星系的大尺度结构，却对它们包含的单个恒星毫无影响。每个星系内的恒星只是彼此擦肩而过。与星系团中的星系相反，星系中的恒星如此之小，远小于恒星之间的距离，当两个星系发生碰撞时，恒星的数量仅在一段时间内增加一倍，但它们仍然有足够大的空间以避免碰到对方。星系碰撞可能导致每个星系的恒星和恒星际物质重新排列，甚至产生壮观的、在遥远的距离上可见的恒星诞生的爆发，但并不会因此造成星系内恒星碰撞。

6.2 宇宙的层次结构

当我们的视野扩展到真正的宇宙尺度，行星（如地球）变得无关紧要，恒星（太阳等）也仅是消耗氢的小亮点。星系被称为构成宇宙的基本单元。它们是宇宙中大多数恒星的家园，都是巨大的系统，由引力把恒星、气体、尘埃、暗物质和辐射等束缚在一起，到地球的距离几乎是不可思议的遥远。其中，银河系也只是星系世界的普通一员，无数个星系构成宇宙的大尺度结构。

若把星系看成宇宙物质的基本单元，那么星系的分布状况就是宇宙结构的表现。

6.2.1 宇宙的基本单元

并非天穹上一切发光体都是银河系的一部分。对天穹上的某个光点，测定它的距离就能区分它是银河系内的恒星，还是银河系外的另一个星系。天穹上的大多数光点是银河系的恒星，但也有相当大量的发光体是与银河系类似的巨大恒星集团，我们称它们为河外星系，现已知道存在1250亿个以上的星系，著名的仙女座星系、大小麦哲伦星系（银河系的卫星系）就是肉眼可见的河外星系。仙女座星系（M31）是距离银河系最近的庞大旋涡星系，覆盖大约20万光年的天区，其黝黑的尘埃带、明亮的淡黄色星系核以及散发蓝色星光的旋臂都是我们非常熟悉的景象。

星系的普遍存在表明它代表宇宙结构中的一个层次，从宇宙演化的角度看，它是比恒星更基本的层次。

星系是静止的吗

体积庞大的星系是静止不动的吗？答案可能出乎你的意料，在大尺度上它们是运动的。

早在1917年，美国天文学家斯托·M.斯里弗（1875—1969）就指出几乎每一个他观测的旋涡星系都在远离银河系。现在我们知道，除了少数邻近的星系外，所有星系都加入了一个在所有方向上远离地球的集体运动。不仅不属于任何星系团的单个星系在稳定地退行，星系团也有整体的退行运动，尽管其个别成员星系有一些随机移动（想象一下，你把一个装满萤火虫的玻璃瓶抛向空中，瓶子内的萤火虫类似星系团内的星系，虽然存在个别萤火虫相对玻璃瓶的随机运动，但瓶子作为一个整体，是沿着特定方向运动的。这里星系相当于萤火虫，而玻璃瓶就是星系团）。20世纪20年代，埃德温·哈勃将观测到的星系的退行速度和离开地球的距离绘制成关系图，发现数据点的位置接近一条直线，表明星系后退的速度与到地球的距离成正比，这个规律被称为哈勃定律，用公式可以表述为

$$退行速度 = H_0 \times 距离$$

式中，H_0称为哈勃常数，数值可取为70千米/（秒·兆秒差距）。

由于宇宙中大多数星系有这个趋势，利用哈勃定律可以测量宇宙，事实上，天文学家正是据此对宇宙中遥远的距离（超过1亿pc）进行测量。然而，哈勃定律的意义远不止于此。哈勃定律暗示着戏剧性的影响：如果大多数星系都根据哈勃定律在退行，那么是不是意味着它们开始是从一个单一的点开始"旅行"的呢？如果我们能让时间倒流，是不是所有的星系都会退回到这一点？也许这个点是在遥远的过去的一个极其"暴烈"的事件现场？宇宙的过去是什么样的？答案可能不是你所想的样子。另外，星系的退行运动证明宇宙在最大尺度上既不稳定，也不是一成不变的。宇宙（实际上是空间本身）在膨胀。因为岩石、行星、恒星和星系的原子靠自己内部的力结合在一起，并不会变得越来越大。所以，哈勃定律并不意味着人类、地球、太阳系，甚至个别星系和星系团在物理尺度上的增加。其实是宇宙最大的框架或者说分隔开星系团的浩瀚空间在膨胀。

多普勒效应——星系运动的测量

假设有一个物体正在发射音波或电磁波（光），它接近地球时波幅较窄、波长较短。反之，在远离地球时波幅较宽、波长较长，这就是多普勒效应。你听过救护车报警器的声音，

想想是不是救护车靠近时听起来会比远去时的声音高？这也是多普勒效应。对于星光也是同理。随着宇宙的膨胀，天体会逐渐远离，为此，宇宙中被高速释放的光，从地球上观察时，波长会被拉长，看起来会很红，这被称为"红移"，它由多普勒效应引起。

多普勒效应为我们提供了测定发光物体运动速度的有效方法，天文学家据此发现了宇宙的基本成员——星系都在远离我们而去。

6.2.2　遗失的原子——星系际介质

星系之间的空间比我们能在实验室中制造的最好的真空还要纯净。然而，当从一个宏大的天文角度来看，这些少量的物质加起来就形成了"星系际介质"。研究数据表明，星系团内以热气体的形式存在的质量与以可观测的恒星形式存在的质量一样甚至更多，包含恒星形成、黑洞、星系间的相互作用以及其他我们尚未发现的现象所带来的物质。

尽管如此，天文学家还是测量了星系间介质的一些特性，足以确定它的温度高达数百万摄氏度。如此高温的气体会产生 X 射线（又称伦琴射线）。通过研究 X 射线发射谱，研究人员了解了星系际物质的化学成分，知道了星系际介质的两个来源：原始的氢和氦，第一批星系形成时遗留下来的以及后来从星系中喷发出来的较重原子。根据理论计算，星系际介质包含宇宙中大约一半的原子，另一半在星系中，包括它们的恒星、行星和星际气体。

6.2.3　星系群和星系团

受万有引力影响，星系往往在天空中聚集成团出现。观测结果表明，85% 以上的星系处在成团结构中。

约有半数以上的明亮星系构成双重星系或多重星系，这些多重结构还可能进一步构成星系群。星系群通常包含十几个或几十个星系。例如大小麦哲伦云就是双重星系（它们之间相距约 5 万光年），它们又和我们的银河系构成三重星系，这个系统又是本星系群的一部分。本星系群由银河系、仙女星系、大小麦哲伦云和三角星系等约 50 个星系构成，尺度约为 1 兆秒差距。

比星系群更大的成团结构是星系团，是包含几千个甚至上万个成员星系的星系"部落"。它们的形状各不相同，有的结构紧凑，有的则相当松散。比如室女座星系团、后发星系团就是典型的星系团。星系团一般都有一个或几个巨椭圆星系位于团中央，四周聚集着一些椭圆星系或透镜星系，而旋涡星系和不规则星系则散布在更加外围的区域。

星系团在空间分布上也会三五成群，形成更高一级的成团结构——超星系团。银河系所在的本星系群就是以室女星系团为中心的本超星系团的一个成员。因以室女座星系团为中心，本超星系团也称室女座超星系团。它由 50 个左右星系团和星系群组成，包含数万个星系。本超星系团的跨度约为 5 亿光年，质量大约是我们银河系的 10 万倍。

那么星系团或超星系团就只是星系的集合吗？天文学家通过 X 射线卫星的观测发现，星系团中还聚集着大量的高温气体——星系际介质，其质量相当于甚至超过星系团中所有星系质量的总和。基于光学和 X 射线观测，天文学家发现星系团的整体质量比团中星系和星系际气体的质量总和还要大得多，甚至达 5~10 倍。这些质量来源又是什么呢？它们除了引力效应之外，没有其他任何信息可以被我们直接探测到，因此，天文学家称其为暗物质，其构成至今还是一个谜。

现在，我们了解了星系团是星系、气体和大量的暗物质由于引力作用而聚集在一起的庞大天体系统，然而，对它们的起源与演化过程以及如何聚集在一起组成超星系团，是宇宙学研究中最基本的也是至今未解决的问题之一。

6.2.4 宇宙大尺度结构

人类观测研究表明，数以百万计的星系在银河系之外，大多数星系比银河系小，有一些大小差不多，有少数要大很多。许多看起来"正常"，也有一些星系里面正在发生爆炸性事件，强度远远超过以往在银河系中见过的任何事件，这种"活动的"星系可能是由超大质量黑洞驱动的。

通常尺度在 10Mpc 以上的结构被称为宇宙的大尺度结构。虽然至今大尺度上的观测事实还不是十分明确，但非常有意思的是，有研究表明，星系在大尺度上呈泡沫状。也就是说，有许多看不到星系的"空洞"区，而星系聚集在空洞的壁上，呈纤维状或片状结构，这就是我们了解的物质在大尺度上的分布。

从演化理论来考虑，尺度大到一定程度应不再有结构存在。这是否符合事实，以及这一尺度有多大，都十分重要，这需要有大尺度观测来回答的问题。现今对宇宙在 50Mpc 以上是否还有显著的结构现象存在，仍是人们激烈争论中的焦点。

基于迄今为止最广泛的红移巡天数据——斯隆数字化巡天得到的数据，本地宇宙中已知最大结构的尺度只有 200~300Mpc，还没有看到更大的巨洞、超星系团或者星系巨壁。据测量，富超星系团的尺度可达几十百万秒差距，而最大的巨洞的直径也许是100Mpc。大部分巨壁和纤维的长度小于100Mpc，即使是最大的结构——斯隆长城，也可以被解释为较小的结构在统计上的叠加。对类星体光谱的研究得出了大致相同的结论。总之，没有任何证据证实，在宇宙中有大于300Mpc的结构。

6.2.5 宇宙是否有尽头，有没有中心

大尺度研究的结果表明，宇宙在大于数亿秒差距的尺度上是均匀的。也就是说，如果我们有一个巨大的正方体，比如边长300Mpc，放到宇宙中的任何地方，它的整体内容看起来会大致相同——有些星系会聚集成团，形成相当大的结构，但另一些却不会，它们会变成无数巨壁和巨洞。但如果把这个立方体从一个地方移动到另一个地方，这些天体的总数将变化不大。在这个意义上说，宇宙在最大尺度上是平滑的（或者说各向同性，即在所有方向上相同），没有任何地方是中心。换句话说，对天空进行的任何巡天应该得到基本相同的星系数量，与选择了哪一片天空无关。

宇宙学家普遍认为，在足够大的尺度上宇宙是均匀和各向同性的。这两个假设被称为宇宙学原理。这些假设是否能够成立？没有人知道。但我们至少可以说，它们与当前的观测是一致的，并且有深远的影响：它意味着宇宙没有边缘，否则将违反均匀性假设；此外，它也意味着宇宙没有中心，否则会导致在任何非中心的点向外看时，宇宙不可能在所有方向上都是相同的，同样违反了各向同性假设。

没有边界就意味着宇宙是无穷大了吗？当年，爱因斯坦不相信宇宙是无限的，也不认为宇宙有边界，他认为我们的宇宙是有限无界的。什么是有限无界？比如，一只蚂蚁在一个很大的球面上，无论如何也找不到这个球面的边界，但是很显然，这个球面是有限的，因为它是闭合的。同样的道理，如果宇宙是闭合的，我们就不可能找到宇宙的边界，但是这个宇宙仍然是有限的。

那么，宇宙是闭合的吗？如何确定？根据爱因斯坦的广义相对论，宇宙是否闭合取决于宇宙的平均密度，密度高于一定的值，空间的弯曲就类似一个球面，可以闭合起来；密度低于一定的值，空间的弯曲就类似一个马鞍形，无法闭合。这个值就是临界密度，当宇宙平均密度等于这个值的时候，空间就恰好是平坦的，对应于欧几里得几何描述的空间。现在的天文观测和利用宇宙微波背景辐射对宇宙大尺度空间的测量结果都表明，宇宙的平均密度极为接近临界密度，但是在目前的测量精度范围内，既不能完全排除宇宙是闭合的，

又不能确定宇宙就是开放的，只能期待未来有更高精度的测量结果。也许有一天，人类可以通过精确测量验证爱因斯坦的观点。

6.2.6　为什么那么多星星却无法照亮夜空

夜晚的天空为什么是黑的？你可能会说"因为没有太阳"。的确，正因为地球自转使它有时能被阳光照射，有时不能被阳光照射，生活在地球上的我们才有了昼夜之分。但是，你想过没有，宇宙中有着无数个像太阳那样可以自己发光的星体，那么，地球为什么无法被这些星体发出的光照亮，而不再有昼夜之分呢？这个难题就是著名的"奥伯斯佯谬"，它曾困扰了科学家长达数个世纪之久。

奥伯斯佯谬

如果说宇宙的空间无限，通常而言，宇宙中均匀分布着星系。在这种情况下，当仰望夜空时，我们的视线必然最终遇到一颗恒星。当然，根据平方反比定律，遥远恒星比邻近的暗淡，但是遥远恒星也要多得多，因为事实上我们在任何给定的方向看到的恒星的数目会随着距离的平方增大而增加。因此，遥远恒星的亮度降低与它们数量的增加正好相平衡，这样，所有距离上的恒星对地球上收到的总光量的贡献是相同的。这意味着，无论你往哪个方向看，天空都应该与恒星的表面一样明亮。换句话说，整个夜空应该与太阳表面一样灿烂。但我们知道，事实并非如此。这个结论也被称为奥伯斯佯谬（海因里希·奥伯斯是19世纪德国天文学家）。奥伯斯佯谬的一个很好的比喻是想象一片茂密的森林，身处其中的每一个视线方向最终都将遇到一棵树。

宇宙的年龄

由哈勃定律，宇宙中所有的星系都在离我们远去，假设所有的退行速度不随时间改变，那么，任何给定星系要运动到地球的距离需要多久？根据哈勃定律很容易得出：

$$时间 = 距离 / 速度 = 距离 / (H_0 \times 距离) = 1/H_0$$

取 $H_0=70$ 千米/（秒·兆秒差距），得到的时间约为138亿年。注意，这里得到的时间不依赖于距离——远两倍的星系的移动速度也快两倍，所以它们穿越居间距离所需的时间是一样的。因此，根据上述简单的计算，在过去的某个时间——约138亿年前，宇宙中所有的星系是重叠在一起的。事实上，天文学家认为，宇宙中的一切被限制在那一瞬间，在一个极高温和高密度的点上，然后宇宙开始以激烈的速度膨胀，同时密度和温度迅速下降，这个惊人的、令人难以想象的"暴力事件"涉及宇宙中所有的一切，被称为大爆炸。它标志着宇宙的开端。

虽然由此估算的时间有很大误差，但它告诉我们，宇宙的年龄是有限的。

奥伯斯佯谬的解释——夜晚的宇宙一片漆黑

对夜空的外观而言，宇宙在空间上是有限的还是无限的已经无关紧要了，哈勃定律暗示的宇宙有限的年龄是关键。这意味着，我们只能看到宇宙有限的部分——距地球约138亿光年以内的区域。这个区域以外是未知的，因为此区域的光还没有来得及到达地球。

根据观测，天文学家已经得出宇宙诞生于大约138亿年前。也就是说，我们看到的只是在宇宙138亿年漫长历史中人类能够观测到的范围（光抵达的范围）内的天体发出的光。在人类可观测范围之外（自宇宙诞生以来，星体发出的光尚未抵达地球的区域）也存在广阔的宇宙空间。不过，来自这些空间的光到现在为止也没有抵达地球，所以我们无法看到它们。

此外，还有一些其他原因，比如，像太阳一样自身发光的恒星并不是永远都那么明亮。任何恒星都不可能永生，从某一刻开始发光，总有一天会耗尽能量而走向死亡；宇宙空间星际物质密度大的区域，会遮挡住其背后的星体发出的光；在宇宙空间里，光在没有大气层的区域几乎不发生散射，即便有光照射，但只要光线不照入我们眼中，周围看上去就是漆黑一片（比如在几乎没有大气层的月球，无论是白天还是黑夜，天空都是黑的）。但是，仅靠上述理由，并不能充分解释宇宙为什么一片漆黑。科学家在充分考虑到这些因素的基础上，对宇宙的亮度进行了计算，结果很好地解释了宇宙的实际亮度。

6.3 神秘的暗物质和暗能量

所有占据空间并拥有质量的东西被称为物质。宇宙中每个星系都是由巨大的被引力松散地结合在一起的数千亿颗恒星的集合。当我们仰望星空，星系似乎无处不在，它们很自然地主宰着我们对深空的观点，但星系所包含的所有物质在宇宙中只是一小部分。

现代观测表明，茫茫宇宙可划分为两大部分：一部分是宇宙中所有的原子和光，为"可见宇宙"（普通物质或重子物质）；另一部分为"不可见宇宙"（暗物质和暗能量）。银河系和河外星系都是星系，所有的星系连在一起，构成了最大的天体系统，它包括我们所知道的宇宙中所有的天体和蔓延在星际的气体。迄今为止，人类探索宇宙的能力仍十分有限。从此种意义说，总星系就是天文学家所说的可见宇宙。"不可见宇宙"是不可见的，却支配着宇宙的结构和演化，是宇宙的主体。其中，暗物质构成星系和星系团的大部分质量，也决定了星系在大尺度上的组织方式；而暗能量是我们给推动宇宙加速膨胀的神秘力量起的名字。

6.3.1　暗物质——宇宙引力的主要来源

从 20 世纪 30 年代起，天文学家就从观测中陆续找到了一些证据，暗示了宇宙中物质的质量远远大于所有可见物质的总和。比如，他们发现银河系里千千万万颗恒星的运动速度大于预期，如果没有更多东西施加额外的引力，银河系本身就会被甩得分崩离析，根本不能凝聚成型。再比如，星系团之类的庞大天体能够弯曲星光，扭曲并放大背后更遥远星系的影像。于是，天文学家假设宇宙中存在着一类看不见的物质，并称它们为暗物质。

2003 年，美国匹兹堡大学斯克兰顿博士领导的一个多国科学家小组，借助"威尔金森微波各向异性探测器"（WMAP）的观测数据（观测宇宙微波背景辐射的微小变化）和"斯隆数字化巡天"（SDSS）的测量结果（测定宇宙中星系的位置和彼此间距离），发现了暗物质存在的直接证据。

暗物质是人的肉眼所无法直接看到的，它既不发光，也不反射光，更不能输出任何可以观测的电磁信号，所有类型的光似乎都能穿透它，仿佛它是完全透明的。因此，暗物质对所有我们能测量的光、电场、磁场、强作用（核的能力场）都起不到任何作用。然而，暗物质确实有质量，这是天文学家通过它的引力影响看到的——它有显著的引力效应，因此，通过引力场我们就能推测出有暗物质存在。例如，星系团可以包含成百上千个星系，每个星系都有暗物质。暗物质会影响单个星系和热气体在星系团内部的运动，所以，天文学家可以通过可见物质的运动来测量星团内部有多少不可见物质。另外，研究人员还可以通过星团的引力对光线的影响来确定星团暗物质的数量,这种效应被称为引力透镜效应。当遥远星系团的恒星发出的光在"路过"被观测区域时,会被大质量暗物质吸引而发生扭曲,科学家可以通过这种所谓的引力透镜效应来寻找暗物质的踪迹。

奇怪的引力透镜

所谓引力透镜,是爱因斯坦(1879—1955)在广义相对论中预言的一种现象。广义相对论简单来说,就是"宇宙中的时间与空间都受到重力的支配"的一种理论。

爱因斯坦预言,受到太阳这样大质量天体的重力影响,宇宙空间本身会产生畸变,而光在经过大质量天体附近时,其传播路线会弯曲。光线的弯曲就像在宇宙中放置了一块透镜,因此这一现象被称作引力透镜(图6.3)。当来自遥远天体的光在视线方向上接近一个星系或星系团时,背景天体(这里是类星体)的像有时可以分成两个或更多独立的像(图6.3中的图像 A 和图像 B),前景天体就是一个引力透镜。

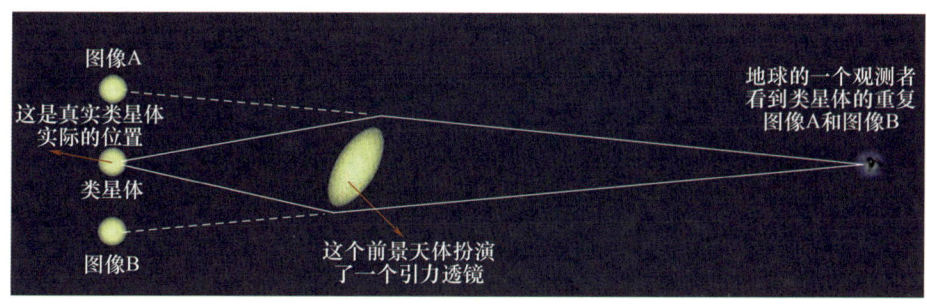

图 6.3 引力透镜示意图(绘图:贾鹏)

1919 年,引力透镜现象在日全食的观测中被证实了。以英国著名天文学家亚瑟·斯坦利·爱丁顿(1882—1944)为队长的日食观测队在非洲和巴西观测日全食,他们将在没有日食时测出的位于日食位置背后的星体光线,与发生日全食时(太阳光被遮蔽、太阳周围的星体由此可见时)的星体光线进行比较,发现两者有微小差别。这一结果证明,恒星的光在经过太阳附近时,会受到太阳重力的影响而产生微小的扭曲,也就是说,它证明了引力透镜的存在。爱因斯坦的相对论在科学界也因此被证实,其后,爱因斯坦的地位也更加不可动摇。像这样,通过引力透镜来观测扭曲的天体,由其扭曲的程度天文学家就可以测定暗物质的量及其分布范围。

暗物质究竟是什么

神秘的暗物质遍布整个宇宙，其特性却是多年来一直困扰世界各国天体物理学家的谜题。关于暗物质究竟是什么，目前有许多争论，人们也在不断进行着各种试验和观测。近年来，世界各国的暗物质粒子研究小组已取得了可喜的进展。人们对暗物质的物理组成进行了如下分析：

首先，在浩瀚无垠的宇宙中，有一些星体演化到一定阶段，温度降得很低，已经不能再输出任何可以观测的电磁信号，不可能被直接观测到，这样的星体就会表现为暗物质。这类暗物质是可以被称为重子物质的暗物质。

其次，还有另一类暗物质，它们的构成成分是一些带中性的有静止质量的稳定粒子。这类粒子组成的星体或星际物质不会放出或吸收电磁信号。这类暗物质是可以被称为非重子物质的暗物质。非重子物质的暗物质又分为两类：一类为热暗物质（约占30%）；另一类为冷暗物质（约占70%）。热暗物质由一种不带电、质量很小、运动速度很快、数目繁多的中微子构成。冷暗物质主要由两种粒子组成：一种是质量大、运动慢、引力大、稳定、只有弱作用的重粒子（又称WIMP）。这种粒子不能发光，和"可见宇宙"中的普通物质几乎不发生相互作用（我们看得见、摸得着、尝得出、闻得到、听得清身边的其他东西都是电磁相互作用在其中贡献力量的结果）。另一种是质量极小、运动快、稳定的轴子（axion），它极难与宇宙中周围的物质相结合。总之，冷暗物质无论由WIMP构成也好、由axion组成也罢，甚至由其他东西组成，这一不可观测的物质似乎都无处不在。佛罗里达大学物理学家大卫·坦纳表示："在宇宙和星系中有一种组成暗物质的未知粒子。各大星系都有由暗物质形成的晕轮，因此它们的体积看起来都比自身实际的发光实体要大得多。"

科学家在不停地寻找这些特殊的暗物质粒子，却总也找不到。但科学的历程往往就是这样。科学离不开深耕，需要依靠科学家小心翼翼地剔除那些失败的假设，直到真相显露。

如何寻找暗物质

我们使用可见光、红外线、X射线等电磁波可以观测天体，但暗物质不仅看不见、摸不着，还不参与任何电磁相互作用，什么方法可以寻找暗物质呢？目前人类知道的方法有三种：第一种是依据爱因斯坦的质能方程 $E=mc^2$。质能方程揭示出物质的能量和质量等价并且在一定条件下可以相互转换。那么，如果把足够高的能量压缩在极小体积内，这些能量就有可能转化为各种粒子，或许能创造出暗物质粒子。第二种是考虑到暗物质粒子几乎无处不在，那么原子核被暗物质粒子碰撞就会发光发热，或者被撞得偏离原来位置，而这些都是科学家可以探测到的。第三种则是依据理论预言的两个暗物质粒子相遇会相互湮灭并产生出高能 γ 射线，或者高能正负粒子对。不过，这些信号无法很好地穿透地球大气层，用这种方法来间接寻找暗物质的探测器，必须被发射到地球以外才能够发挥作用。

"悟空"号——中国的暗物质粒子探测卫星

我国首颗空间天文卫星"悟空"暗物质探测卫星采用的便是上面的第三种方法。它既可以直接探测高能 γ 射线，又可以直接探测到普通反物质粒子。2015 年 12 月，拥有"火眼金睛"的"悟空"号探测卫星在酒泉成功发射，标志着中国空间天文学进入新时代。"悟空"号卫星拥有可测量高能粒子的能量、方向、电荷以及鉴别粒子种类的 4 个探测器，在观测能段、能量分辨率等方面它超过了国际上其他同类探测器。

2016 年 12 月，暗物质卫星科研团队首次发布"悟空"观测成果：超大质量黑洞 CTA 102 正经历新一轮活跃期，CTA 102 也成为"悟空"捕获的第一个宇宙"小妖"。2017 年 11 月，《自然》杂志在线发表"悟空"探测到的高能电子宇宙线能谱。其中的数据表明宇宙空间中存在着"质量为 1.4 万亿电子伏左右的新物理粒子"。科学家推测，它可能就是人们长期以来寻找的暗物质，这标志着全世界首次可能发现了暗物质。2022 年 11 月，科研人员基于"悟空"探测的数据绘制出迄今能段最高的硼/碳、硼/氧宇宙射线粒子比能谱，并发现能谱新结构。这一成果显示宇宙中高能粒子的传播可能比原来预想更慢。

目前，下一代暗物质探测项目"甚大面积伽马射线空间望远镜（VLAST）"的关键技术攻关正顺利开展，对 γ 射线的探测能力也将提升 50 倍以上，有可能帮我们搜寻到暗物质的具体踪迹。

6.3.2 暗能量——破解宇宙膨胀的关键

20 世纪 20 年代，包括美国著名天文学家埃德温·哈勃在内的天文学家发现宇宙中的星系似乎正在远离地球，而且越远的星系远离地球的速度越快。结合爱因斯坦的广义相对论，研究人员得出结论，宇宙正在膨胀，星系也在膨胀。在 1998 年，两个独立的研究小组宣布，他们已经以更高的精度测量了宇宙膨胀,并发现它的退行速度正在变得更快。这种加速意味着某种未知的力在抵消重力,使宇宙以更快的速度膨胀,这种神秘的力量被称为暗能量。

与暗物质相比,暗能量更是奇特,因为它只有物质的作用效应,而不具备物质的基本特征,所以严格意义来讲算不上物质,故将其称为暗能量。暗能量虽然无法被人们所感知,也无法被现在的各种探测器所观测,但是人们凭借理性思维可以预测并感知到它的确存在。

爱因斯坦的懊恼

对暗能量概念的提出可追溯到 20 世纪初,继 1905 年提出狭义相对论、揭示时间和空间的本质属性之后,1915 年,爱因斯坦提出广义相对论引力方程。当时,爱因斯坦认为宇宙应该是静止的,不可能永无休止地膨胀或者收缩。因此,爱因斯坦在方程中引入了"宇宙常数"项,这个宇宙常数起排斥力作用,有了该常数之后,引力方程同时具备引力和斥力,刚好能够达到平衡,可让宇宙暂时"静止"下来。

几年以后,埃德温·哈勃观测发现宇宙确实在不断膨胀。为此,爱因斯坦十分懊悔,他说"引入宇宙常数是我这一生所犯的最大错误"。爱因斯坦万万没有想到,几十年后,当初他认为是错误的"宇宙常数"——暗能量,竟然是极有道理的,几乎揭示了"不可见宇宙"的本质。

暗能量在推动宇宙膨胀

1997 年,科学家观测到一颗编号为"1997ff"的超新星。对光线的相对强度进行的研究表明它爆发于 110 亿年前,这颗超新星亮度是预计正常亮度的两倍,而且它比距离更近、更年轻的超新星爆炸发出的光还要亮。科学家据此判断,"1997ff"爆炸时宇宙处于减速膨胀阶段。这一发现不仅证实宇宙膨胀先减速后加速,也证明宇宙中确实存在暗能量。暗能量和引力两者共同决定了宇宙的膨胀速度。

暗能量是一种不可见的、推动宇宙运动的能量,宇宙中所有的恒星和行星的运动皆由暗能量来推动。引力好比"胶水",试图使物质结合在一起;而暗能量正好与引力相反,试图将物体分开。据推测,大约在 60 亿年前,引力在与暗能量的较量中"落败",暗能量占据上风,宇宙才进入加速膨胀状态。

既然宇宙中暗能量如此巨大,那我们为什么感受不到它呢?科学家解释:在任何一个给定的空间里,暗能量的量都很小,因此它的作用在日常生活中无法被感觉出来。但在浩瀚的宇宙空间中，情况就不同了，其效果将非常强大，足以使星系和星系团彼此分离开。暗能量具有如此大的力量，是由于它在宇宙的结构中约占 68.3%，占绝对统治地位。暗能量在宇宙中更像一种背景，让人根本感觉不到它的存在，但它确实存在，且起着非同一般的作用。

诺贝尔物理学奖获得者、美籍华裔科学家李政道曾指出，人们通过哈勃太空望远镜发现，宇宙不仅在膨胀而且在加速膨胀。从它膨胀的加速度可以推算出，它是由于一种负压力也就是暗能量的存在才膨胀的，而这暗能量的总量占据全宇宙能量的绝大部分。暗能量在我们的宇宙中占据如此重要的位置，使爱因斯坦对 21 世纪科学发展的影响，很可能比对 20 世纪更大。

暗能量是近年宇宙学研究的一个里程碑性的重大成果。支持暗能量的主要证据有两个：一是对遥远的超新星所进行的大量观测表明，宇宙在加速膨胀，星系膨胀的速度不像哈勃定律描述的那样是恒定的，而是在不断加速。按照爱因斯坦引力场方程，加速膨胀的现象揭示出宇宙中存在着压强为负的"暗能量"。二是近年对宇宙微波背景辐射的研究精确地测量出宇宙中物质的总密度。我们知道，普通物质与暗物质加起来大约只占其 1/3，所以仍有约 2/3 的物质为暗能量，其基本特征是具有负压，在宇宙空间中几乎均匀分布或完全不结团。2003 年"威尔金森微波各向异性探测器"（简称 WMAP）的观测数据显示，暗能量在宇宙中约占总物质的 68.37%。值得注意的是，对于通常的能量辐射、重子和冷暗物质，压强都是非负的，所以必定存在着一种未知的负压物质主导着宇宙。

现代物理学的基本理论还无法解释观测到的暗能量。暗能量成为 21 世纪物理面临的最大的挑战。物理学对暗能量这种新类型物质的探索才刚刚开始，还没有形成一个科学严谨的解释。科学家正在计划发射新的探测卫星，对于宇宙大尺度空间进行更多、更精确、更系统的观测，进一步研究宇宙加速膨胀的规律，确定暗能量的形式和物理特征。不同的暗能量形式将导致非常不同的宇宙膨胀规律，解决这一问题需要新的理论，而新理论一旦被找到，很可能是人们长期寻求的包括引力、斥力在内的各种相互作用统一的量子理论。这将是一场重大的物理学革命。

科学家们已经开始一系列新问题的研究，努力探索"不可见宇宙"如何影响银河系和宇宙的过去、现在及未来。可以相信，人类最终一定能够真正解释宇宙的起源，并彻底揭开"不可见宇宙"的神秘面纱。

6.4 引人注目的引力波

引力波被认为来自宇宙创生时期的时空涟漪，就像留声机一样忠实地记录了宇宙在早期所发生的一切。那什么是引力波呢？在宇宙起源的瞬间、大质量恒星演化末期经历"超新星爆发"的瞬间或中子星合并等重力急剧变化的特别事件发生时，宇宙空间会被扭曲，这些扭曲会以波的形式以光速传播（就像地底的地震波一般在宇宙空间中传播一样），这就是所谓的"引力波"，也被称为引力波辐射。

爱因斯坦通过广义相对论早就预言了引力波的存在。其实，大家哪怕甩一甩自己的胳膊都会引发引力波，只不过因为胳膊带动的引力波的振幅实在太小了，根本无法被检测到。因此，探测引力波最大的希望是来自那些产生强烈引力物体的引力波，因为它们将大量质量压缩到一个非常小的空间中，例如黑洞和中子星的碰撞。

2015 年，在爱因斯坦发表广义相对论的一个多世纪后，人类终于成功捕获到引力波。这一次发现的引力波来自距离地球 13 亿光年的地方，在那里有质量分别为太阳质量的 29 倍和 36 倍的极大的黑洞合体，产生了质量达太阳质量 60 倍以上的新黑洞。在合体瞬间（0.1 秒左右的时间之内），黑洞释放了巨大的能量，相当于 3 个太阳质量的氢气在一瞬间发生爆炸，这一变化引发了引力波。观测到引力波的是美国的激光干涉引力波天文台"LIGO"，参与其中的研究者超过 1000 人。在探测到引力波之后，他们又对数据进行了长达五个月的核对、核算，最终于 2016 年 2 月公布了引力波的存在。这一结果震惊了全世界。

2017 年 10 月 16 日，美国、中国、德国、英国、法国等全球多国科学家联合宣布：人类第一次直接探测到来自"双中子星合并的引力波信号"。这一次全世界的天文学者都沸腾了，这种被称为"太空涟漪"的盛景终于再现。截至 2020 年 2 月 20 日，LIGO 和 Virgo 共发现了 11 次引力波事件信号，其中 10 次对应于双恒星级黑洞的并合，1 次对应于双中子星的并合。随着人类天文观测技术的发展，引力波出现后被发现的可能性将大幅提高，人类也在逐渐揭开引力波的神秘面纱。

中国自主空间引力波探测——"天琴计划"

"天琴计划"是中国自主空间引力波探测计划,由中国引力物理专家罗俊院士于2014年3月正式提出,在国际上首创地心、垂直黄道面的轨道方案,被称为空间引力波探测的"中国方案""中国智慧"。"天琴计划"试验本身由三颗全同卫星组成一个等边三角形阵列,通过惯性传感器、激光干涉测距等系列核心技术"感知"来自宇宙的引力波信号、探索宇宙的秘密。三颗星形似太空里架起的一把竖琴,可聆听宇宙深处引力波的"声音"。

2019年11月"天琴计划"激光测距台站测到月面上全部5个反射镜信号,这一历史性成就使中国成为继美国、法国后世界上第三个成功测得全部5个月球反射镜信号的国家。2019年12月20日,以空间引力波探测关键技术验证为目的的中国国产自主卫星"天琴一号"卫星搭载长征四号乙运载火箭成功发射,代表天琴空间引力波探测计划正式进入太空试验阶段。2022年3月,在发射后不到3年,该卫星就获得全球重力场数据,我国也因此成为世界上第三个有能力自主探测全球重力场的国家。目前,"天琴二号"工程正顺利推进,预计2025年前后发射。

"天琴计划"不仅仅是基础研究,其关键技术还可用于很多领域,如精确测量地球重力场,使人类更加深刻地了解地球、水资源和矿产资源的分布和变化;精确测量大到两颗卫星之间的距离,小到一个原子尺度的变化。

6.5 宇宙是永恒的吗

自河外星系本质之谜被揭开之后,人类对宇宙的认识从银河系扩展到广袤的星系世界,一些天文学家开始把注意力转向星系。宇宙中所有天体都在运动,利用多普勒效应,到1929年,哈德温·哈勃获得了40多个星系的光谱,发现星系在远离地球并且距离地球越远,退行速度越快,由此得出著名的哈勃定律,揭示宇宙在不断膨胀:在任何一点的观测者都会看到完全一样的膨胀,从任何一个星系来看,一切星系都以它为中心向四面散开,越远的星系间,彼此散开的速度越快。那么宇宙会永远膨胀下去吗?宇宙最终的结局是什么?

6.5.1　膨胀的宇宙

1927年，比利时天文学家勒梅特（1894—1966）把已观测到的河外星系红移解释为大尺度宇宙空间随时间而膨胀的结果，建立了"膨胀宇宙模型"。他认为最初宇宙的物质集中在一个超原子的"宇宙蛋"里，在一次无与伦比的大爆炸中分裂成无数碎片，形成了今天的宇宙。

1929年，哈德温·哈勃在仔细研究了一批星系的光谱之后发现，除个别例外，绝大多数星系的光谱都表现出红移，而且红移量大致同星系的距离成正比。如果将红移解释为多普勒效应，那就意味着所有星系都在离地球而去，其退行速度正比于同地球的距离（哈勃定律）。如果遵循哥白尼的思想，认为地球在宇宙中并不处于特殊的中心位置，也就是说哈勃定律对任何星系来说都成立，那么直接的推论就是：宇宙中所有的星系都在彼此远离，即宇宙正处于普遍的膨胀之中。也就是说，星辰、黑洞等都在随着宇宙膨胀而移动，那接下来会怎样？

宇宙的膨胀中心在哪儿

膨胀中宇宙的性质十分令人费解。从地球的角度来看，好像遥远的星系都正飞快地远离我们而去，但这并不意味着地球就是宇宙的中心。通常来讲，宇宙不同地方的膨胀图像都是相同的，可以说每一点都是中心，又没有一点是中心。要想弄清楚，我们最好把它想象成星系间的空间在伸长或膨胀，而不是星系在空间中运动。

空间可以伸长这一事实看上去离奇古怪，一项简单的模拟试验可以帮助理解。你可以试一下：在一条松紧带上缝一排纽扣，从松紧带的两端把它拉长，你会发现所有的纽扣都彼此远离。无论你选择从哪个纽扣来看，它邻侧的纽扣似乎都在远离，而且这种远离是处处相同的，不存在特殊的中心。当然，在缝这排纽扣时，会有一个中心纽扣，但这与系统的膨胀方式毫不相干。只要把这条带纽扣的松紧带无限加长或围成一个圆圈，这个中心便不再存在。从任意一个纽扣来看，离它最近的纽扣以某种速度退行，再下一个纽扣则以两倍速度退行，依此类推。纽扣离得越远，它退行得就越快。因此，这种膨胀意味着退行速度与距离成正比，这是一个极为重要的关系。我们现在就可想象出光波是如何在膨胀空间中或星系间传播的。当空间伸长时，光波波长也跟着变长，这就解释了宇宙学的红移现象，哈德温·哈勃发现的红移量与距离成正比同以上简单的模拟结果完全一致。

哈德温·哈勃的发现为膨胀宇宙模型（也称弗里德曼宇宙模型）提供了直接的观测依据，打破了宇宙整体静止的传统观念，为进一步研究宇宙的起源和演化开拓了道路，是

20世纪天文学最重要的成就之一。

宇宙膨胀，我们会跟着一起膨胀吗

宇宙在膨胀，宇宙中的各天体乃至人类，是不是也在跟着一起膨胀？答案是：膨胀的是空间，不是空间中的物体，包括所有的天体和人类。

想象一下烤面包的时候在里面放一些葡萄干，烤制过程中面包在膨胀使葡萄干之间的距离变化的速度近似满足哈勃定律。就像葡萄干本身并没有在面包里面"跑"一样，宇宙中的天体也没有在宇宙中跑，实际上是空间膨胀了，与面包本身膨胀了是一个道理，就像前面例子中的松紧带拉长使缝在上面的扣子间距变化一样，扣子本身没有动。

如何理解宇宙在膨胀的过程中天体的大小保持不变呢？如果宇宙膨胀时，只有万有引力在起作用，膨胀的起源是大爆炸，那么大爆炸之后，一旦形成了天体，天体之间的距离就只能增加，天体的大小的确不会发生变化，就像在地球表面往上扔一块石头，石头在向上飞的过程中大小是不会变化的。

对于宇宙加速膨胀的解释是由于宇宙存在暗能量，暗能量使天体之间有了一种前所未有的排斥力。暗能量在宇宙中均匀分布，且其密度不会随宇宙的膨胀而变化，使宇宙中遥远星系之间的排斥力开始克服它们之间的万有引力，星系的膨胀速度加快。

6.5.2 宇宙的诞生——标准大爆炸模型

近几十年，人类对宇宙有了突飞猛进的认识，其中最重要的有两项，除恒星的结构和演化外，就是宇宙大爆炸理论，完美地解释了恒星为什么是现在这个样子，以后会变成什么样子，以及宇宙的形成和演化，理论和观测结果达到了高度一致。爱因斯坦曾感叹，宇宙中最难以理解的事情，是宇宙是可以被理解的。

大爆炸——宇宙之始

1948年，美国物理学家乔治·伽莫夫（1904—1968）等人发展了勒梅特的思想，把宇宙的膨胀与物质的演化联系起来，提出了"大爆炸宇宙模型"（大爆炸宇宙论），描述了一个膨胀着的、物质均匀分布的、各向同性的宇宙。因为它能较完整地解释所观测到的事实，所以成为现代影响最大的宇宙学说。

根据大爆炸宇宙论的观点，早期的宇宙，温度极高，在100亿℃以上，物质密度也相当大，整个宇宙体系达到平衡，宇宙间只有中子、质子、电子、光子和中微子等一些基本粒子形态的物质。但是，由于整个体系在不断膨胀，温度快速下降，当温度降到10亿℃左右时，宇宙发生剧烈的核聚变反应，即大爆炸。大爆炸中物质四散飞出，宇宙空间不断膨胀，温度也相应下降，化学元素就是从这一时期开始形成的。当温度进一步下降到100万℃后，早期化学元素的形成过程结束，宇宙间的物质主要是质子、电子、光子和一些比较轻的原子核。当温度降到几千摄氏度时，辐射减退，宇宙间主要是气态物质，气体逐渐凝聚成气云，再进一步形成各种各样的恒星体系。

宇宙大爆炸图景

宇宙诞生之前，没有时间、没有空间，也没有物质和能量。大约138亿年前，在这"四大皆空"中，一个体积无限小的点爆炸了。时空从这一刻开始，物质和能量也由此产生，这就是宇宙创生的大爆炸。刚刚诞生的宇宙是炽热、致密的。随着宇宙的迅速膨胀，其温度迅速下降。最初的1秒钟过后，宇宙的温度降到约100亿℃，这时的宇宙是由质子、中子和电子形成的一锅基本粒子汤。随着这锅汤继续变冷，核反应开始发生，生成各种元素。这些物质的微粒相互吸引、融合，形成越来越大的团块，并逐渐演化成星系、恒星和行星。图6.4显示了宇宙演化大事年表。这幅大爆炸图景是目前关于宇宙起源最可能的一种解释，被称为"大爆炸模型"。

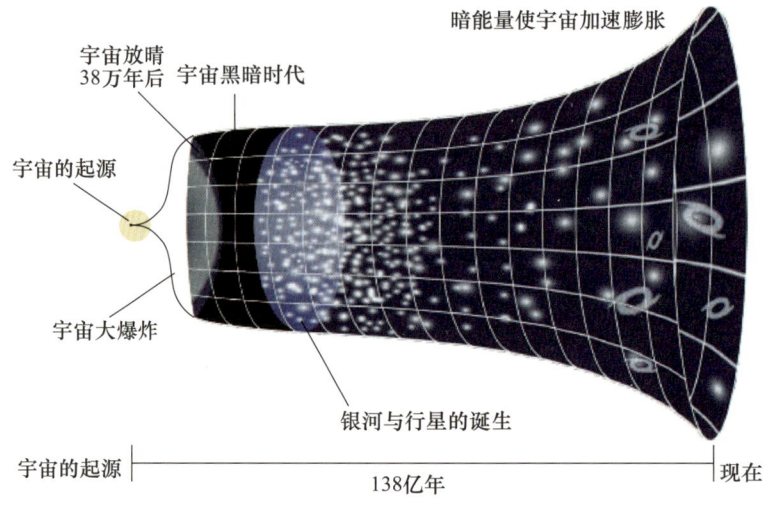

图6.4 宇宙大事年表（绘图：贾鹏）

乔治·伽莫夫和他的支持者预言，大爆炸中所产生的辐射在遥远的宇宙空间里必定仍然存在，相当于约10K（约 –263.15℃）。后来，约3K（约 –270.15℃）宇宙微波背景辐射的发现给了人们很大的鼓舞，因为它使爆炸宇宙模型的这个预言成真。当然，大爆炸宇宙模型也同样存在许多尚待解决的难题。

大爆炸理论的证据

20世纪初，哈勃对众多星系的光谱进行研究后确认，红移是一种普遍现象，这表明恒星及众多的河外星系正远离我们而去——宇宙在膨胀。除此之外，还有一些事实支持大爆炸理论。

（1）宇宙年龄的推算。如果星系目前正在彼此远离，那它们过去必定靠得更近，也就是说，较早时代的宇宙物质密度会更高。继续这一推理就意味着过去必定存在一个时刻，那时宇宙中的物质处于极其高密的状态。按照哈勃定律，可推算出那一时刻距今100亿~200亿年，通常被称为"大爆炸"时刻，也就是宇宙的开端。如果这一推论被证实，那么宇宙中一切天体的年龄都不应超出这个"宇宙年龄"所界定的上限。

人们测量了地球上最古老的岩石、"阿彼罗11号"宇航员从月球上带回的岩石以及从行星际空间坠落地球的陨石样本，发现它们的年龄均不超过46亿岁。恒星的年龄可以从它们的发光功率和拥有的燃料储备来推算。根据热核反应提供恒星能源的理论，人们推算出银河系中最老恒星的年龄为100亿~150亿年。用上述两种完全不同的方法得到的天体年龄竟与"宇宙年龄"相一致，这对大爆炸宇宙模型是十分有力的支持。

（2）氦元素的丰度（可简单理解为占比）。知道了宇宙背景辐射的温度，就很容易推算出，宇宙诞生后约1秒内空间的温度约为100亿℃。在如此高温下，连原子核也会被撕得粉碎。宇宙只能是一锅由质子、中子和电子等构成的基本粒子汤。起初，中子和质子的数量几乎相等，随着这锅汤变冷，当温度降到10亿℃时，中子和质子合成氦核的反应开始，类似氢弹爆炸时发生的聚变过程迅速把所有的中子合成到由两个质子和两个中子构成的氦核中。计算表明，氦核形成的过程持续了大约3分钟，形成的氦约占宇宙物质总质量的四分之一。这个过程用完了所有的中子，余下的质子就成了氢原子核。天文观测表明，在宇宙中，无论恒星还是星际物质，氦与氢的比例都大体与此相符。同一时期合成的氘、氚、锂、铍、硼等元素，尽管数量少得多，但它们的丰度（与氢的比例）也具有类似的普适性。这对大爆炸模型无疑又是一个有力的支持。

大爆炸模型曾预言，宇宙应当由大约25%的氦和75%的氢组成，这与天文测量结果极为相符。宇宙诞生最初3分钟里形成的氢与氦，构成了宇宙中99%以上的物质。形成行星和生命的重元素，只占宇宙总质量的不到1%，它们大部分是在恒星内部形成的。

（3）微波背景辐射（宇宙的第一道光）。大爆炸模型的另一个重要遗迹是微波背景辐射。宇宙微波背景辐射是我们视野的极限，它是大爆炸火球的余烬，整个宇宙就是在大爆炸火球中诞生的。

按大爆炸模型，早期的宇宙中不存在稳定的原子，因为光子和物质之间的碰撞不断地将电子撞开，这些碰撞也意味着宇宙是不透明的，因为光不能传播很远。但是，在大爆炸38万年后，宇宙的不断膨胀和冷却使第一批稳定的原子形成，电子与原子核的结合产生了大量的光，宇宙变得透明。这些光现在可以穿过宇宙，甚至在约138亿年后到达地球。最初的光能量非常高，但它随着宇宙的其他部分冷却下来，直到温度达到黑体辐射光谱的微波温度。这就是我们说的宇宙微波背景辐射。

按乔治·伽莫夫等人的计算，作为这种过程的遗迹（大爆炸的余热），目前的宇宙中应普遍存在温度约3K的背景辐射。由于这辐射的峰值波长在1毫米附近，处于微波波段，故又称为微波背景辐射。令人遗憾的是，这一重要预言在提出后的十多年中竟未引起人们的关注。

直到1964年，美国贝尔电话实验室的彭齐亚斯（美国天文学家，1933—　）和威尔逊（美国天文学家，1936—　）用一架卫星通信天线在7.35厘米波长处探测到一种来自宇宙空间的强度与方向无关的信号时，他们起初并不清楚这一发现的意义。后来普林斯顿大学的皮伯斯等得知这一消息，才认识到这正是他们"踏破铁鞋无觅处"的宇宙背景辐射。

为了最后"验明正身"，全世界天文学家对这种辐射的谱分布和方向进行了大规模的调查，1989年，美国宇航局专门为此发射了宇宙背景探测器卫星，发射后的第二年即1990年就得到了宇宙微波背景辐射理想的黑体辐射谱形，而且与温度为（2.736±0.16）开的理想黑体完全相合。这就无庸置疑地证明了微波背景辐射的黑体性和普适性，它是热大爆炸模型最令人信服的证据，这一发现在现代宇宙学史上的地位只有宇宙膨胀的发现可以与之相比。

2013年3月21日，欧洲航天局公布了根据"普朗克"太空探测器传回数据绘制的宇宙微波背景辐射图，比此前美国航天局发射的"宇宙背景探索者"（COBE）卫星和"威尔金森微波各向异性探测器"（WMAP）探测到的宇宙微波背景辐射更为精确。整个天空展开在一张平面图上，由不同的颜色显示出覆盖着的微小温度波动变化（这些波动被视作在宇宙早期最终形成星系的结构），精确地反映了宇宙诞生初期的情形，几近完美地验证了宇宙标准模型。除了很好地验证了宇宙标准模型，这幅图还修正了人们此前的认识。宇宙中暗能量比想象中的少，占比不到70%。此外，反映宇宙膨胀率的哈勃常数也被修正至67.15千米/

（秒·百万秒差距），即一个星系与地球的距离每增加 1×10^6 秒差距，其远离地球的速度每秒就增加 67.15 千米，这个数据意味着宇宙的年龄约为 138 亿年。

科学界所普遍接受的宇宙起源于一次"大爆炸"。宇宙微波背景辐射被认为是"大爆炸"的"余烬"，均匀地分布于整个宇宙空间。"大爆炸"之后的宇宙温度极高，之后约 38 万年，随着宇宙膨胀，温度逐渐降低，宇宙微波背景辐射正是在此期间产生的。

大爆炸的困惑

在大爆炸发生之前，宇宙内的所存物质和能量都聚集到一起，并浓缩成较小的体积，温度极高，密度极大，之后发生了大爆炸。大爆炸使物质四散出击，宇宙空间不断膨胀，温度也相应下降，后来相继出现在宇宙中的所有星系、恒星、行星乃至生命，都是在这种不断膨胀冷却的过程中逐渐形成的。然而，大爆炸产生宇宙的理论尚不能确切地解释，"在所存物质和能量聚集在一点"之前到底存在哪些物质，至今仍是未解之谜。

6.5.3　宇宙会一直膨胀下去吗

按照大爆炸模型，宇宙在诞生后不断膨胀，与此同时，物质间的万有引力对膨胀过程进行牵制。那宇宙会一直膨胀下去吗？

临界密度

假定引力是宇宙中影响大尺度运动的唯一力量，现在考虑从地球表面发射宇宙飞船。根据牛顿力学定律，只有两个可能性——在行星外运行或落回地面，这取决于飞船的发射速度与行星的逃逸速度的快慢。如果发射速度足够快（超过行星的逃逸速度），那么飞船将永远不会返回到该行星表面。速度会因为行星的引力而减慢，但永远不会达到零。反之，如果发射速度小于逃逸速度，那么飞船离开地球后将达到一个最大距离，然后落回地面。类似的道理也适用于宇宙的膨胀。宇宙只有两个选择：它可以继续永远膨胀下去，或者膨胀在某一天停止，转而变成收缩。哪种可能会变成现实？

飞船发射的例子中，给定了发射速度（类似于给定了宇宙的膨胀率），行星的质量（给定了半径）会决定是否会发生逃逸。对于宇宙来说，相应的因素是宇宙的密度。高密度的宇宙包含足够大的质量以停止膨胀并最终导致坍缩。反之，低密度的宇宙会一直膨胀下去。这两个结果之间的分界线为，如果引力单独作用恰好够停止现在的膨胀，对应的宇宙密度被称为临界密度。取 H_0=70 千米（秒·百万秒差距），临界密度约为 $9\times 10^{-27}\text{kg/m}^3$。这是一个非常低的密度——每立方米仅 5 个氢原子。

宇宙的未来

上面两种可能性，代表了宇宙完全不同的未来。

（1）如果从大爆炸中产生的宇宙有足够大的密度，那么它包含的物质足够阻止自身的膨胀，星系的退行将最终停止。在未来的某个时候，宇宙的整体运动将逐渐放缓，膨胀可能停止，但引力的作用不会，宇宙将开始收缩。

整个收缩过程与大爆炸后的膨胀是对称的，像一场倒放的电影，宇宙将坍缩到一个点，需要的时间与它膨胀的时间一样长。收缩的过程起初很缓慢，随后越来越快。在转折点过后，宇宙的体积开始缩小，背景辐射温度上升，漆黑寒冷的宇宙变成一个越来越热的熔炉，所有物质无处可逃。最后，行星、恒星也毁灭了，分布在浩瀚空间中的物质被挤进一个很小的体积内，最后 3 分钟来临了。整个宇宙朝着超密、超热的奇点收缩（这个奇点很像宇宙起源的那个点），温度变得如此之高，连原子核也被撕毁，宇宙又成了一锅基本粒子汤。然而，这种状态也只能存在几秒钟的时间。随后，质子和中子也无法区分，挤成一堆由夸克构成的等离子体。在最后的时刻，引力成为占绝对优势的作用力，它毫不留情地把物质和空间碾得粉碎。在这场与大爆炸相对的"暴缩"中，所有的物质都因挤压不复存在，一切有形的东西，包括空间和时间本身，都被消灭。这就是所谓的"大坍缩"。

"大坍缩"是一切事物的末日。大爆炸中诞生的宇宙及无数亿年的辉煌灿烂，一丝回忆也不会留下。宇宙学家也无法预知宇宙到达这一点会发生什么，所有物理定律也不足以描述这些极端条件。

（2）一个完全不同的命运在等待着一个因引力太弱而无法停止膨胀的低密度宇宙。这样的宇宙将永远膨胀，星系不断退行。在非常遥远的将来，比如 1×10^{24} 年以后，所有的恒星都燃烧完毕，茫茫黑暗中，潜伏着一些黑洞、中子星等天体。宇宙的尺度已经膨胀到如今的 10^{16} 倍，而且还在扩张下去。在这个系统里，引力虽不足以使膨胀停止，但会消耗系统的能量，使宇宙缓慢地走向衰亡。黑洞在霍金效应的作用下释放出微弱的辐射，最终全都以热和光的形式蒸发掉。足够长的时间之后，连质子这样稳定的基本粒子也衰变、消亡了，其中有光子、中微子，越来越少的电子和正电子。所有这些粒子都在缓慢地运动，彼此越来越远，不会再有任何物理变化出现。这是寒冷、黑暗、荒凉而又空虚的宇宙，它已经走完了自己的历程，面对的是永恒的生命或永恒的死亡。

宇宙最终将经历一个"冷寂"，所有的辐射、物质、生命都将冻结。

6.5.4　我们宇宙未来的命运会怎样

宇宙会发生大坍缩吗？宇宙会永远膨胀吗？找到这些问题的答案，几十年来一直是天文学家的梦想。现在，天文学家可以对这类问题以密集的观测进行检验并得出答案。

我们宇宙的密度

首先要确定宇宙的密度。如何计算？测量一个广阔宇宙空间中分布的星系的总质量，再计算出空间的体积，然后用质量除以体积，得出平均密度。当天文学家这样做时，他们发现得到的结果只有不到 10^{-28} 千克/立方米。还有暗物质，星系可能包含的暗物质比发光物质多 10 倍以上，星系团中的这一比例更高，尽管我们看不到它，但暗物质对宇宙密度做出了较大贡献，对"抑制"宇宙膨胀起了重要的作用。大多数宇宙学家认为，宇宙中暗物质的平均密度为宇宙密度临界值的 25%~30%——并不足以阻止宇宙目前的膨胀。

宇宙在加速膨胀

基于 I 型超新星"标准火烛"的观测，使用全局测量覆盖可观测宇宙的较大区域，原则上应该能揭示出宇宙的整体密度，而不只是近邻宇宙的密度。在 20 世纪 90 年代后期，天文学家对遥远超新星系统的巡天结果表明，宇宙的膨胀速度不仅没有放缓，反而在加速。这些观测与上面描述的"只有引力"的大爆炸模型不一致。

什么原因可能导致宇宙的整体加速？坦率地讲，现在还无法确定，虽然宇宙学家提出了几种可能性。不管是什么，导致宇宙加速的神秘宇宙场既不是物质又不是辐射，虽然它携带着能量，但它对宇宙起着整体排斥作用，加速了空间的膨胀，它被称为暗能量。暗能量的斥力效应与宇宙的大小成正比，因此，它在早期可以忽略不计。但目前，由于观测到的加速度非常大，它是控制宇宙膨胀的主要因素。

尽管暗能量的本质有相当大的不确定性，但我们至少可以说，暗能量的斥力通过反引力的效果强化了我们之前的结论：宇宙将永远膨胀下去。

宇宙的寿命及终结预测

虽然天文学家目前并不了解暗能量的性质，却一致性地肯定了暗物质与暗能量、"宇宙大爆炸"理论是对宇宙的正确描述。对宇宙历史的猜测将大爆炸放在约138亿年前。基于观测和研究，天文学家指出，第一个类星体出现在约130亿年前，类星体达到顶峰的时期在接下来的10亿年中出现，再往后约20亿年银河系中已知最古老的恒星形成。

宇宙终将不复存在，这是科学家们一致同意的。不过，我们并不清楚它究竟何时以及如何死去。根据目前的推测，宇宙距离终结还有好几百亿年，届时太阳可能早就燃尽了。

宇宙的终结方式有好几种，但主流设想认为宇宙持续以越来越快的速度膨胀下去，最终恒星死亡、所有物质分崩离析，宇宙变得无比寒冷。

2003年，物理学家罗伯特·卡德威尔提出第三种可能性，即"大撕裂"——宇宙的扩张速度总是越来越快，而这个加速度是由暗能量推动的。因此，如果宇宙中的暗能量总量越来越多，那么膨胀将持续加速，直到宇宙被撕裂。这种死亡方式十分不幸，专家之前预测"大撕裂"将发生在大约167亿年之后，但是随着对暗能量的持续研究，人们越来越了解暗能量以及它控制宇宙膨胀的方式。研究人员对数据进行建模研究，得出宇宙可能灭亡的最早时间点和最晚时间点，结果是宇宙可能灭亡的最早时间是28亿年后，最晚的时间则是无限期，即大撕裂不会发生，宇宙最终将死于"热寂"。

实际上，科学界现在并不能确切地给出答案，目前只能给出几种宇宙未来可能的模式，而起决定性作用的就是宇宙中的总物质、能量密度以及暗能量的性质。

6.6 地外生命存在吗——我们是不是孤独的

宇宙中我们是唯一的吗？真的有"外星人"存在吗？或许，恰在此时，在宇宙的某个地方有其他的生命，也许比我们更有智慧，正在仰望它们的星空，在他们看来，太阳只不过是满天星辰中普通的一颗。

自文明在地球上产生已经过了几千年，天文望远镜发明至今已经有 400 多年，距探月器、行星探测器等初次升空已过了 60 多年，可直到如今，在地球以外的星球和宇宙空间里我们连小如细菌的生物都尚未发现。地球是宇宙中我们确定知道有生命存在的唯一天体。尽管在宇宙中其他地方有存在生命的可能性，但并没有明确的证据。之前发现的数百个太阳系外行星中，尚无一个显示出任何有生命的迹象——包括智慧生命或其他任何生命形式。即便如此，天文学家仍不断搜寻宇宙空间，因为，外星上存在智慧生命的证据可能出现在任何时候。

6.6.1 智慧生命存在的条件

"我们所知道的生命"，也就是地球上的生命，可能存在于我们太阳系的其他地方吗？通常，生命意味着起源于液体水环境的碳基生命，换句话说，如果宇宙中存在的生命和地球上的生命具有相似的成分，那么生命的诞生必然需要液态水。我们的身体主要是由水和有机物构成的，而合成蛋白质、核酸等高分子的复杂有机物需要适宜发生化学反应的环境，这也就意味着生命的存在需要水、有机物和适宜的温度。

显然，生命是不可能在太阳这样的恒星上产生的，只可能诞生在绕恒星运转的类地行星或具备相似环境的卫星上。

生命可能存在于太阳系的其他天体上吗？月球和水星缺乏液态水，也缺乏大气保护和磁场，金星有高密度的、干燥灼热的大气，类木行星没有固体表面，而大多数它们的卫星（除了有火山活动的木卫一）的表面早就已经冻结，又过于寒冷。一个可能的例外是土星的卫星泰坦（土卫六），然而"卡西尼 - 惠更斯号"任务的观测表明，土星的环境对任何生命的存在来说都不适宜。行星如果距离恒星太近，表面的水分会被蒸发；而若距离恒星太远，会导致温度过低，水会结冰。

如果在地球之外也有存在智慧生命的天体，那么拥有丰富液态水（海洋）资源、覆盖着含有氧气的大气的行星定是第一"候补"。水能够保持液态的范围在天文学上被称作"宜居带"（适宜生命居住的区域或生命可能存在的区域）。在太阳系内其范围是 0.8~1.5AU 天文单位，如图 6.5 所示。

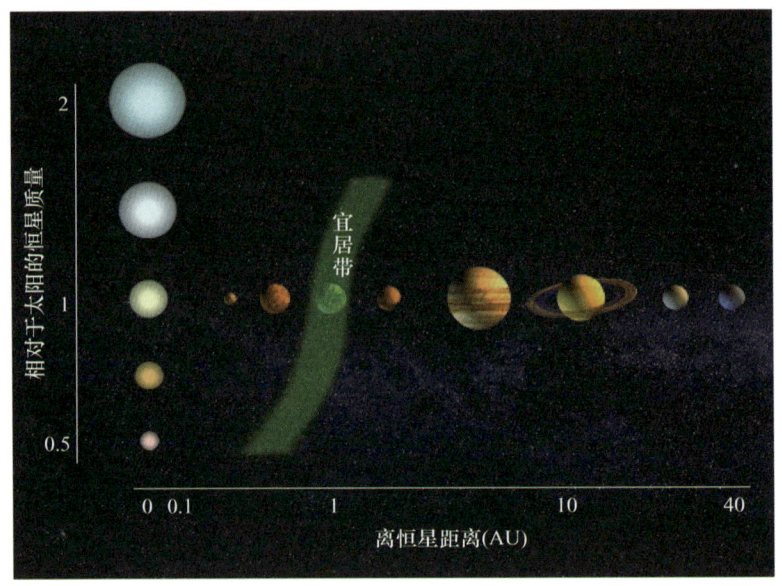

图 6.5　太阳系宜居带（绘图：贾鹏）

火星勉强有宜居环境，似乎是最有可能存在生命（或在过去曾经存在生命）的行星。虽然按照地球的标准来看，它的环境是严酷的——液态水稀缺，大气层很薄，没有磁层和臭氧层，因此太阳高能粒子和紫外线辐射可以不受影响地到达其表面。但在过去，火星的大气层较厚，表面可能温暖和湿润得多。事实上，在火星轨道运行的"海盗号"和"火星环球勘测者号"探测器拍摄的照片证实，在火星上曾有流动的水和死水。2004 年，欧洲的"火星快车号"探测器确认了在火星极地存在水冰。NASA 的机遇号火星车公布的地质证据表明，在其着陆点附近地区曾经在很长时期内被水"浸透"。所有这些都强烈暗示，至少在过去的一段时间，火星蕴藏着大量的液态水。

木星、土星的卫星受到与行星间的潮汐力及卫星内部热源的影响，也可能具备宜居环境。四颗类木行星的卫星——木星的木卫二、木卫三以及土星的土卫六、土卫二，内部可能存在数量显著的液态水，这将成为未来探索的主要候选体。

然而遗憾的是，我们基本已经可以肯定：除地球以外，太阳系内是不存在智慧生命的。也就是说，假设智慧生命在宇宙中真的存在，那么它们应该存在于太阳系以外的广袤宇宙，也就是围绕其他恒星运转的行星或卫星。人类于 1995 年首次发现了围绕太阳之外的恒星运转的行星。它们被称作"太阳系外行星"或是"系外行星"。人类早期发现的系外行星是直径为地球数倍的气态巨行星。随着天体观测的发展，人类开始发现了大小与地球相当的岩质行星。截至 2022 年 3 月，已发现的系外行星累计超过 5000 颗。根据观测数据，研究人员认为，仅在银河系可能有数千亿颗行星。

6.6.2 人类对智慧生命的探寻

人类显然是太阳系中唯一的智慧生命，我们必须拓宽对外星智慧生命的搜寻范围，将目光投向其他恒星，甚至其他星系。

尽管有大量的证据支持生命能够从低级到高级进化，但是地球生命"种子"的来源目前仍然未知：可能产生于地球，也可能来自太阳系其他行星，还完全可能来源于太阳系外的其他行星。在太阳系外，有些行星是"宜居"行星，很有可能存在生命，甚至存在高级生命或者文明。

对于太阳系外行星的搜寻以及智慧生命的探测已经成为天文学的重要研究前沿。我们有可能找到高级生命能够存在的其他"地球"，使外太空移民成为可能；有可能找到地球生命的"种子"，使地球上的生命最终可以"认祖归宗"；有可能回答人类在宇宙中是否孤独这个问题；甚至可能真的和"外星人"交流。如今，人类已经开始努力搜寻外星人的通信信号。所有这些不是幻想，也不是哲学的探讨，而是实实在在的科学研究。

德雷克方程

寻找"外星人"一直让科学家着迷，他们不断研究，以寻找方法来揭开宇宙生命的神秘面纱。

美国天文学家弗兰克·德雷克博士，用以推算广袤的宇宙空间究竟存在着多少智慧生命，我们是否能够与他们进行通信。1961 年，弗兰克·德雷克博士提出一个方程，称为德雷克方程或德雷克公式，试图表达生命在银河系中的可能性——基于天文学、生物学和人类学方面的具体要素。德雷克方程具体如下：

$$N = R^* \times F_p \times N_e \times F_l \times F_i \times F_c \times L$$

式中，R^* 是银河系内产生恒星的平均速度，也称恒星形成率；F_p 是银河系内拥有行星系的恒星比例；N_e 是一个恒星系内宜居带内行星的平均数量；F_l 是在 N_e 的行星上实际诞生生命的比例；F_i 是诞生的生命中进化为智慧生命的比例；F_c 是智慧生命进行星际通信的比例；L 是能够进行星际通信的文明的预计存续时间（前提是文明无法永远存续）。

利用此方程，我们可以计算出银河系内现存的地球人能够取得联络的智慧生命居住的星球数量 N。许多人根据自己的推理进行了估算，弗兰克·德雷克本人在 1961 年提出的估算值是 10，但这也只是他的估算。2009 年，为寻找类地行星，NASA 发射了太空望远镜"开普勒"。下面我们用包括开普勒观测结果的天文学成果——检查方程中的要素，并给出有关它们取值的猜测。

首先，便是恒星形成率。我们可以非常简单地估算银河系每年恒星形成的平均数量，目前至少有 1250 亿颗恒星闪耀在银河系中。用这个数字除以银河系的寿命 100 亿年，得到恒星的形成率为每年 12.5 颗。

其次，是银河系内拥有系外行星系的恒星所占的比例。银河系内约有 1250 亿颗恒星。假设银河系内可能产生行星系的恒星，包括联星系统在内有 1250 亿颗。那每颗恒星平均拥有几颗行星呢？虽然有些恒星是完全没有行星的，但根据开普勒望远镜的观测结果，包含多颗行星的行星系大约占总数的三成。因此，我们可以粗略估计，每颗恒星平均都有 1 颗行星，也就是说，银河系内的太阳系外行星总共约有 1250 亿颗。

再次，来看看这些行星系的宜居行星的数量有多少颗？对于一颗给定的行星上是否会出现生命，温度可能是最重要的。围绕着每一颗恒星有一个温度"舒适"的三维恒星宜居带（一个距离范围）：位于此区域的行星，如果质量和组成类似地球，其表面温度将介于水的冰点和沸点之间。恒星越热，这个区域越大。另外，靠近一颗巨行星也可能导致一颗卫星成为宜居卫星，如木卫二，因为行星的潮汐加热会弥补阳光的缺乏。要估计每个行星系统中宜居行星的数目，我们必须先清点实际每种类型的闪耀在银河系的宜居带中的恒星有多少颗，然后计算它们的恒星宜居带的大小，并估算可能在那里发现的行星的数量。对位于宜居轨道的类地球行星，目前可用的巡天观测证据表明，已知的行星系统中只有百分之几包含宜居行星。然而，由于设备探测能力限制等许多不确定因素存在，银河系宜居带的内、外半径还完全不确定。综合以上因素考虑，公式中的这一要素赋值为 1/10。换句话说，我们认为，在银河系中，平均每 10 个行星系统中，可能会有 1 颗宜居的行星——对应一个可能由岩石构成、拥有液态水和大气的"第二地球"。

在德雷克方程中，对每个要素估计的可靠性从左到右明显下降。对 F_l、F_i、F_c、L 四个变量目前还难以进行科学的估算，但"外星人"的存在确实因此有了一些可信性，出于乐观的看法，F_l、F_i、F_c 几个要素可取为 1。这意味着只要给定适合的原料、环境和足够长的时间，生命、智能进化、技术的崛起是不可避免的。

对于最后一个要素 L 是完全未知的，只有一个已知的文明例子，就是地球上的人类。

人类的文明在其"技术"的状态仅存在约100年，这一状态将持续多久，直到自然或人为的灾难结束这一切？这是完全无法预测的。

如果对生命或智力发展的悲观看法是正确的，那么，人类将是唯一的生命。但是，如果像许多科学家认为的，生命和智慧是化学和生物进化的必然结果，而智慧生命成为技术文明，就可以将更高、更乐观的值引入德雷克方程中。在这种情况下，结合前述各要素的估计（注意，$12.5 \times 1 \times 1/10 \times 1 \times 1 \times 1 \approx 1$），可以得到：现在银河系中的技术和智慧文明的数量 = 一个技术文明的平均寿命（以年为单位）。

因此，如果文明通常能存在1000年，那么目前应该有1000个文明社会存在，分散在整个银河系中。平均而言，如果其能存在100万年，我们会认为银河系中有100万个先进的文明存在，以此类推。

夏威夷岛冒纳凯阿火山的昴星望远镜旁边建造的名为TMT的30米巨大望远镜是中国、日本、美国、加拿大、巴西、印度等多国合作的一个大型项目，利用TMT直接观测系外行星并寻找外星生命存在的迹象是它的一大目标。按计划，TMT将于2025年到2030年建成。幸运的话，人类可能在2030年左右借助TMT等地面上的超大型天文望远镜或太空望远镜在系外行星上发现生命。

寻找外星智慧

一个明显的寻找外星生命的方法是发展能力以能够旅行到远远超出太阳系的地方。以目前最快的空间探测器的速度（50千米/秒的速度），往返最近的类似太阳的恒星半人马座阿尔法星将需要约5万年。显然，星际旅行以这样的速度是不可行的。

人类已经发射了一些星际探测器，虽然它们没有具体的恒星目标。20世纪70年代中期发射的"先驱者10号"飞船上携带了一块刻有地球和人类信息的金属板，现在它正行驶在飞出太阳系的路上。类似的信息搭载在1978年发射的"旅行者号"探测器上。虽然这些航天器无法把它们遇到外星文明的消息传回地球，但科学家们希望，另一端的文明能解开我们使用的通用数学语言所记录的部分内容。

相比于上面和外星生命直接接触的方案，更便宜、实用的替代方案是尝试使用电磁辐射与外星人进行通信。由于可见光和其他高频辐射在穿越多尘埃的星际空间时会被严重散射，所以长波的无线电辐射是最好的选择。

氢原子是构建宇宙的基本成分，在波长为21厘米发出自然辐射，最简单的分子之一的羟基（—OH）在波长为18厘米附近发出辐射。这两种物质形成水，可能是任何地方生命的互动介质，并且穿过银河系盘面的射电辐射被星际气体和尘埃吸收得最少，所以，一些研究人员提出，18~21厘米是文明发送或监控的最好的波长范围，被称为水洞，它可能会成为一个"绿洲"。一些无线电搜索目前正在水洞频率上和其周围进行，但尚未发现任何类似的外星信号。

围绕我们所有人的太空中可能正充斥着来自外星文明的无线电信号，我们一旦知道了正确的方向和频率，也许能够发现可能存在生命的星球，就可以通过电波或光向对方发出信息。如果那颗星球距离地球20光年，算上往返的时间，40年后我们就有可能收到回信，但也存在这种可能性，在地球之外，不仅没有外星人，甚至连生命都不存在。

与智慧生命通信

如果智慧的、技术的甚至能通信的文明在银河系中存在，我们要不要试着和他们联系？一些科学家争论的结果是：这可能不是一个特别好的主意。因为我们刚进入技术文明时期，这意味着我们必然在整个银河系中是最不先进的技术智慧，其他文明可能比我们更先进，所以适当的谨慎是必要的。

英国著名物理学家斯蒂芬·威廉·霍金（1942—2018）在纪录片《史蒂芬·霍金最喜欢的地方》中，曾明确表示"将来有一天，我们可能收到来自Gliese 832c这样行星的外星文明信号。如果真的是这样，他们的科技或许会先进很多……我们应该谨慎回答"。

假如人类发现了外星人，要不要主动和他们联系？拿下科幻界的诺贝尔奖——雨果奖的中国作家刘慈欣在他的作品《三体》中给出的答案是：坚决不能。当然有人可能说，这些概念都是基于人的逻辑来写的，都是从人的角度来思考外星人会怎么做，与真正的情况可能相去甚远。

如果智慧生命在太阳系附近存在的话，让我们来想象下与他们的交流会如何进行。假设2016年8月发现的距太阳系最近的恒星比邻星的行星或其尚未发现的卫星上存在智慧生命。比邻星距地球约4.22光年，这一距离即使是光也要传播4年多的时间，电波和光的速度相同，能够以每秒约30万千米的速度在宇宙空间中传播。从地球通过电波或光向比邻星的智慧生命发送信息，最快也要在8.4年后才能收到回信，因此，对话很需要耐心，对话的内容也因此变得尤为重要。如果是你的话，会问些什么问题呢？又想对他说些什么呢？

电影《星球大战4：新希望》中有一个场景是莱娅公主通过全息影像（裸眼3D）向欧

比旺·克诺比传达消息。到了能够和智慧生命通信的那一天，在我们的日常生活中，全息影像恐怕已取代网络、电视、电话，成为传递信息的主要方式。虽然也会存在时间滞后的情况，但我们将有机会在虚拟现实空间中和外星人对话（仿佛比邻星人近在眼前一般），甚至可能在模拟环境中体验比邻星之旅。

人类文明自诞生以来，科学不断进步，技术日新月异，人们几乎每天都有新发现，但对于宇宙，还有太多奥秘等着我们去解开，亲爱的读者，你准备好了吗？

思考题

1. 天文学家如何"看"到暗物质？
2. 如果真的有地外生命，人类该如何与他们相处？

参考文献

[1] 向守平. 天体物理概论 [M]. 彩色修订版. 合肥：中国科学技术大学出版社，2008.

[2] 县秀彦. 有趣得让人睡不着的天文 [M]. 北京：北京时代华文书局，2019.

[3] 埃里克·蔡森，史蒂夫·麦克米伦. 今日天文 太阳系和地外生命探索 [M]. 高健，詹想，译. 8 版. 北京：机械工业出版社，2016.

[4] 埃里克·蔡森，史蒂夫·麦克米伦. 今日天文 恒星：从诞生到死亡 [M]. 高健，詹想，译. 8 版. 北京：机械工业出版社，2016.

[5] 埃里克·蔡森，史蒂夫·麦克米伦. 今日天文 星系世界和宇宙的一生 [M]. 高健，詹想，译. 8 版. 北京：机械工业出版社，2016.

[6] 吴海成，郭志慧. 探识地球 [M]. 北京：中国出版集团公司华文出版社，2013.

[7] 陆埮. 现代天体物理（上）[M]. 北京：北京大学出版社，2014.

[8] 陆埮. 现代天体物理（下）[M]. 北京：北京大学出版社，2014.

[9] 苏宜. 天文学新概论 [M]. 5 版. 北京：科学出版社，2019.

[10] 叶培建，曲少杰，马继楠. 征程人类探索太空的故事 [M]. 北京：科学出版社，2021.

[11] 弗兰·霍奇金斯，迈克尔·泰勒. 直上银河 [M]. 杨华京，译. 北京：北京语言大学出版社，2019.

[12] 荒舩良孝. 图解宇宙之谜 [M]. 彭瑾，译. 上海：上海交通大学出版社，2015.

[13] 张双南. 极简天文课 [M]. 北京：科学出版社，2021.

[14] 卡尔·萨根. 暗淡蓝点：探寻人类的太空家园 [M]. 叶式辉，黄一勤，译. 北京：人民邮电出版社，2014.

[15] SOSSI，P A，STOTZ I L，JACOBSON S A，et al. Stochastic accretion of the Earth[J]. Nature Astronomy，2022（6）：951-960.

[16] 冯磊. 星云中继假说：星云中的原始生命和地球生命的起源（英文）[J]. 天文学报，2021，62（3）：87-94.

[17] 张福勤，欧阳自远，林文祝，等. 地球形成前后的演化历史：兼论地球的年龄 [J]. 地质地球化学，1995（5）：34-44.

[18] 张英琪. 浅析中国古典诗词中的月亮意象 [J]. 时代文学, 2014（6）: 101-102.

[19] 李路芳, 郭永乐. 唐宋诗词中月亮意象的文化意蕴研究 [J]. 江西电力职业技术学院学报, 2019, 32（9）: 153-154.

[20] 杨运来. 中国古诗词中的月亮意象 [J]. 美与时代（下）, 2015（2）: 81-83.

[21] LIN, Honglei, LI Shuai, XU Rui, et al. In situ detection of water on the Moon by the Chang'E-5 lander [J]. Science Advances, 2022（8）: 9174.

[22] 高布锡. 潮汐能量耗散与地月系统演化 [J]. 天文学报, 2020, 61（5）: 124-131.

[23] 高楠, 许英奎, 罗泰义, 等. 月球矿产资源勘查进展及展望 [J]. 矿物学报, 2022, 42（2）: 222-230.

[24] 王明远, 王美, 平劲松, 等. 月球空间环境研究进展 [J]. 深空探测学报（中英文）, 2021, 8（5）: 486-494.

[25] 贾璇. 中国科学院院士欧阳自远: 人们为什么要去月球？[J]. 中国经济周刊, 2021,（15）: 42-45.

[26] 赖盈盈. 欧阳自远: 把月球最古老的样品采回来 [N]. 贵州日报, 2021,（48）: 23-24.

[27] 袁和平. 从神话传说到辉煌呈现: "嫦娥工程"立项前后 [J]. 国防科技工业, 2021,（3）: 24-29.

[28] 李春来, 刘建军, 左维. 中国月球探测进展（2011—2020 年）[J]. 空间科学学报, 2021, 41（1）: 68-75.

[29] 彭艳华, 孙宁, 陈广明. 月球上水的研究现状及意义 [J]. 当代化工研究, 2020,（19）: 165-166.

[30] 欧阳自远. 为什么说月亮是地球的"女儿" [J]. 百科知识, 2020（4）: 4-6.

[31] 施韡. 走近天文之四太阳系: 熟悉又陌生的家园 [J]. 物理, 2020, 49（6）: 414-417.

[32] 黄金钟. 太阳系起源基本问题的评述 [J]. 紫金山天文台台刊, 2003（1）: 124-130.

[33] 王赤, 李晖, 郭孝城, 等. 太阳系边际探测项目的科学问题 [J]. 深空探测学报（中英文）, 2020, 7（6）: 517-524, 535.

[34] 吴伟仁, 于登云, 黄江川. 太阳系边际探测研究 [J]. 中国科学: 信息科学, 2019, 49（1）: 1-16.

[35] 刘超. 基于 LAMOST 巡天的银河系结构演化研究新进展 [J]. 科学通报, 2021, 66（11）: 1346-1362.

[36] 张波. 绘制银河 [J]. 科学世界, 2021（3）: 98-109.

[37] 左文文. 走近天文之五从银河到银河系、从星云到星系 [J]. 物理，2020，49（7）：486-490.

[38] 刘超. 银河 [J]. 现代物理知识，2019，31（6）：10-16.

[39] 孙正凡. 走近天文之二理解星座的真面目 [J]. 物理，2020，49（4）：269-273.

[40] 傅承义. 地球起源的假说 [J]. 科学通报，1965，(9)：778-782.

[41] 王帅. 水星探测意义及发展历程研究 [J]. 国际太空，2018（11）：6-11.

[42] 郑永春. 小行星大未来 [J]. 中国科技教育，2019（12）：68-69.

[43] 左文文. 走近天文之一揭开黑洞的神秘面纱 [J]. 物理，2020，49（3）：196-199.

[44] 周济林，刘慧根，谢基伟. 寻找另一个地球 [J]. 物理，2021，50（3）：155-162.

[45] 中国科普网，http：//www.kepu.gov.cn/www.

[46] 百度百科，https：//baike.baidu.com/.

[47] 中国科学院，https：//www.cas.cn/kx/.

[48] 中国科学院国家天文台，http：//www.bao.ac.cn/.

[49] 中国新闻网，www.chinanews.com.

[50] NASA 官方网站，https：//www.nasa.gov/.

[51] NASA 中文网，https：//www.nasachina.cn/.

[52] 天文在线，https：//m.weibo.cn/u/1808449333?t=0&luicode=10000011&lfid=100103type%3D1%26q%3D%E5%A4%A9%E6%96%87%E5%9C%A8%E7%BA%BF.

[53] 大科技杂志社，https：//author.baidu.com/home?from=bjh_article&app_id=1556763666956888.

[54] 中国数字科技馆，https：//www.cdstm.cn/.

[55] 中国青年网，https：//www.youth.cn/.

[56] 哈佛 - 史密森尼天体物理中心，https：//cfa.harvard.edu/research/.

[57] 国家航天局，http：//www.cnsa.gov.cn/.

[58] 科技日报，http：//digitalpaper.stdaily.com/http_www.kjrb.com/kjrb/html/2023-06/12/node_2.htm.

[59] 中国科学报社，https：//www.sciencenet.cn/stimes/.

[60] 新华网，http：//www.xinhuanet.com//.

[61] 北京天文馆，https：//www.bjp.org.cn/.

后　记

自宇宙大爆炸后恒星形成以来，宇宙中像太阳一样的恒星不断演化，末期会变为红巨星，质量较轻的恒星将演变为行星状星云，最终变为白矮星，质量较重的恒星将经历超新星爆发，最终演变为中子星或黑洞。在超新星爆发的瞬间，会产生比铁更重的金、银、铂等元素。在宇宙诞生之初，只存在氢、氦两种元素，但在恒星内部，因为发生核聚变反应产生了氧、氮、硅、镁等比铁更轻的元素。从138亿年前宇宙诞生到46亿年前太阳系诞生为止，太阳系附近的宇宙空间曾发生过20次左右的超新星爆发，这使曾经只有氢和氦两种元素的宇宙产生了现有的92种元素，组成现在丰富多彩的世界，包括我们。所以，从元素层面上来说，我们都是源于星星的"星之子"。

就时间演化而言，宇宙大约在138亿年前大爆炸中诞生，之后便开始急速膨胀，直到它的体积已经无比巨大的今天，依旧在不断膨胀。如果只告诉大家宇宙的历史有138亿年，这个时间实在太漫长了。美国天文学家卡尔·萨根博士提出一个名为"宇宙日历"的特殊日历，将138亿年的宇宙历史比作日历中的一年，并将此期间宇宙和地球上发生的大事一一对应。

假设宇宙大爆炸（宇宙诞生）是在1月1日0点0分0秒发生，而现在是12月31日24点0分0秒，那么在宇宙日历中一个月相当于大约11.5亿年，1天相当于大约3780万年。银河系大约在120亿年前诞生，在宇宙日历上正好是2月14日——情人节，一个非常浪漫的日子，是不是很巧？而46亿年前诞生的太阳系大约是在8月31日前后。

在宇宙日历上的12月25—29日，恐龙还在地球上优哉游哉地漫步，然而在12月30日，巨大陨石撞击地球，导致了恐龙灭绝。12月31日晚8点50分左右，我们人类共同的祖先终于出现了。

而人类进入文明时代后到今天为止的时间非常短。即便一个人能够活90岁，在宇宙日历上也不过只经历了0.2秒。

虽然每一个人都作为个体生存着，但在一生之中，我们会在繁衍子嗣、养育后代，同时将文化、文明源源不断地传承下去。不仅是基因，人类会在生命中不断继承前人所学的知识、所获得的经验。这正是人类的伟大之处！